D1858259

Blumen am Wegesrand

Dietmar und Renate Aichele
Heinz-Werner und Anneliese Schwegler

Blumen am Wegesrand

Die häufigen Blütenpflanzen –
leicht bestimmt

Kosmos
Gesellschaft der Naturfreunde
Franckh'sche Verlagshandlung
Stuttgart

365 Farbfotos von Dietmar und Ortrun Aichele
und 85 Schwarzweißzeichnungen von Marianne Golte-Bechtle
Symbole im Text von Klaus Meier nach Vorlagen der Verfasser

Umschlaggestaltung von Edgar Dambacher unter Verwendung
einer Aufnahme von Hans Reinhard

CIP-Kurztitelaufnahme der Deutschen Bibliothek

Blumen am Wegesrand : d. häufigen Blütenpflanzen –
leicht bestimmt / Dietmar u. Renate Aichele ...
[365 Farbfotos von Dietmar u. Ortrun Aichele u.
85 Schwarzweißzeichn. von Marianne Golte-Bechtle]. –
Stuttgart : Franckh, 1985.
(Kosmos-Naturführer)
ISBN 3-440-05561-2
NE: Aichele, Dietmar [Mitverf.]

Franckh'sche Verlagshandlung, W. Keller & Co., Stuttgart / 1985
Alle Rechte, insbesondere das Recht der Vervielfältigung, Verbreitung und Übersetzung, vorbehalten. Kein Teil des Werkes darf in irgendeiner Form (durch Fotokopie, Mikrofilm oder ein anderes Verfahren) ohne schriftliche Genehmigung des Verlages reproduziert oder unter Verwendung elektronischer Systeme verarbeitet, vervielfältigt oder verbreitet werden.
© 1985, Franckh'sche Verlagshandlung, W. Keller & Co., Stuttgart
Printed in Germany / Imprimé en Allemagne
LH 14 Ste / ISBN 3-440-05561-2
Satz: G. Müller, Heilbronn
Herstellung: Richterdruck, Würzburg

Blumen am Wegesrand

Vorwort

Wer Pflanzen als Anfänger kennenlernen will, möchte nicht mühsam bestimmen. Er jagt auch nicht nach Seltenheiten unserer Flora. Ihn interessiert, was am Wegesrand blüht. Für ihn ist dieses Büchlein geschrieben. Es enthält nur Pflanzen, die überall vorkommen. Ein nach Blütenfarbe und Blütenform angeordneter „Bildschlüssel" soll das rasche Ansprechen ohne ermüdendes Blättern ermöglichen. Hat man in den Fotografien des Schlüssels erkannt, was man gefunden hat, wird man auf die Seite verwiesen, auf der die gefundene Pflanze ausführlich beschrieben wird. Auf ihr zeigt eine halbseitige Fotografie wichtige Einzelheiten. Wissenswertes aus der Geschichte der jeweiligen Art, über ihre Bodenansprüche, ihre Inhaltsstoffe oder über den Namen finden sich am Schluß der Beschreibungen. Das handliche Format erlaubt es, das Buch mühelos ins Gelände mitzunehmen. Dort wird es schließlich gebraucht!
Wer die Pflanzenwelt gründlicher kennenlernen will, sei auf die KOSMOS-Naturführer „Was blüht denn da?", „Was grünt und blüht in der Natur?" und „Blumen der Alpen" verwiesen.

Klatsch-Mohn *(Papaver rhoeas)*. Seit der jüngeren Steinzeit war der Klatsch-Mohn als Kulturbegleiter ein Unkraut vornehmlich in Getreideäckern. Aus ihnen wurde er durch die chemische Unkrautbekämpfung weitgehend verdrängt. Heute ist er auf Ödland oftmals häufiger als in Äckern.

Hinweise zum Gebrauch des Buches

Dieser Taschenführer ist in zwei Teile gegliedert: Der Bildschlüssel (vorn) umfaßt 20 Seiten. Er enthält Fotos von allen 180 Pflanzen, die im zweiten Abschnitt ausführlich in Bild und Text vorgestellt werden („Bild-/Text-Teil").

Der Bildschlüssel

Will man eine Pflanze mit dem Bildschlüssel identifizieren, genügt es, zwei Blütenmerkmale festzustellen: die Farbe und die Zahl der (meist bunt gefärbten) Blütenblätter (= Kronblätter). Dabei sollte man zur Sicherheit mehrere der meist gesellig wachsenden Exemplare untersuchen; es kommt zum Beispiel oft vor, daß beim Verblühen die Kronblättchen einzeln abfallen und so eine wenigerzählige Blüte zurückbleibt. Zudem ist ein Verblassen oder Verbräunen als Alterungserscheinung möglich, gelegentlich schlägt sogar die rote Blütenfarbe in ein „Sterbeblau" um.
Bei gescheckten, getüpfelten oder gestreiften Kronblättern gilt die Grundfarbe als Merkmal, kurz, es gilt, was schon von weitem sichtbar ist. Daran sollte man auch bei weit geöffneten Blüten denken, an denen die Blütenblätter unterseits öfters durch starke Behaarung oder Verfärbung ins Grünliche oder Bläulichrote gegenüber der sichtbaren „Vorzeige"farbe variieren.
Gelbe Blüten sind auf den ersten sechs Seiten des Bildschlüssels zusammengefaßt, rote, blaue und weiße auf je vier, dazu kommen dann noch zwei Seiten mit Blüten von grünlicher bis brauner Grundfarbe. Die entsprechend getönten Farbleisten erleichtern das Auffinden der Gruppen.
Findet man eine Pflanze dennoch nicht, sollte man es bei der Farbgruppe versuchen, die am ähnlichsten scheint, also vor allem bei Hellgelb-Cremefarben mit Weiß und bei Rot-Rotviolett-Blauviolett mit Blau.

Sumpf-Dotterblume *(Caltha palustris)*. Die Sumpf-Dotterblume wächst in Wiesen wie in Wäldern, jedoch nur, wo das Grundwasser hoch steht oder der Boden dauernd durchsickert wird. Sie zeigt also Nässe an.

Meist wird man aber sofort und eindeutig zu der richtigen Gruppe gelangen. Diese ist weiter aufgeteilt nach der Blütenblattzahl. Wir unterscheiden:

Blüten strahlig (symmetrisch), aber höchstens bis zu 4 Blütenblätter

Blüten strahlig (symmetrisch) mit 5 Blütenblättern

Blüten strahlig (symmetrisch) mit 6 bis vielen Blütenblättern
Zu dieser Gruppe haben wir auch die Körbchen der Korbblütengewächse gestellt, da sie, vor allem dem Laien, wie eine Einzelblüte erscheinen (s. z. B. Gänseblümchen, S. 98; Kuhblume, S. 48; Kohldistel, S. 215)

Blüten zweiseitig (symmetrisch) gebaut, d. h. mit Rücken- und deutlich andersgestalteter Bauchseite (s. Taubnessel, S. 47, Esparsette, S. 117, Springkraut, S. 196, Veilchen, S. 104)

Die Reihenfolge der Untergruppen ist bei jeder Farbe dieselbe und entspricht der obigen Anordnung. Hat man die Blüte dort erkannt, verweist die Seitenzahl auf die entsprechende Stelle im Bild-/Text-Teil, wo man nähere Einzelheiten erfährt.

Ein Beispiel

In einer Mähwiese findet man im Juni ganze Büschel eines Krautes mit aufgebogenen, vierkantigen Stengeln und Ästen, deren schmallängliche, spitze Blätter stockwerkartig in Quirlen zu 7 bis 8 übereinanderstehen. Die kleinen, weißen Blüten stehen büschelig gehäuft und zu einer reichblütigen Rispe vereinigt an allen Stengel- und Astenden. Sie sind strahlig ausgebreitet und tragen 4 länglichspitze Zipfel. Man schlägt den Führer im weißen Farbbereich des Bildschlüssels auf. Die erste Seite umfaßt die Pflanzen mit 4zähligen, strahlenden Blüten. Ein Vergleich zeigt, daß in bezug auf die Blütenform nur die Pflanzen der unteren Reihe in Frage kommen. Ein zweiter Blick genügt, um festzustellen, daß bezüglich der Blütendichte (und der Blattform) die linke Pflanze dem Naturvorbild entspricht. Hier wird man auf das Wiesen-Labkraut, S. 120, ver-

wiesen. Die Angaben im dortigen Text und die Fotografie bestätigen die Bestimmung.
Neben dem nun identifizierten Wiesen-Labkraut steht eine Pflanze mit kantigem Stengel, einpaarig gefiederten und mit Ranken versehenen, wechselständigen Blättern. Aus den Achseln der oberen Blätter entspringen langgestielte Trauben mit gelben, wickenartigen Blüten, d.h. mit einem oberen, breit quergestellten, zwei seitlichen schmäleren und einem kahnartig aufgebogenen, längs zusammengeknickten unteren Blütenblatt. Die Blüten sind also eindeutig zweiseitig-symmetrisch. Man schlägt den gelben Farbteil auf, stellt fest, daß auf S. 24 noch die strahligsymmetrischen Blüten mit mehr als 5 Blütenblättern abgebildet sind und nur auf S. 25 die zweiseitig symmetrischen. Der genaue Vergleich bringt uns auf die linke Abbildung der oberen Reihe, und wir werden zur Wiesen-Platterbse, S. 136, geführt, wo wiederum zusätzliche Daten den Befund sichern helfen.

Der Bild-/Text-Teil

Im Bild-/Text-Teil ist zunächst einer der gebräuchlichsten deutschen Namen der Pflanze angegeben. Es folgt der derzeit gültige wissenschaftliche Name (im Einklang mit der „Liste der Gefäßpflanzen Mitteleuropas“, 2. Auflage, herausgegeben von Friedrich Ehrendorfer; Stuttgart 1973). Die Familienzugehörigkeit der Pflanze wird wiederum mit deutschem und darauffolgendem wissenschaftlichen Namen angeführt. In einigen Fällen mußten althergebrachte wissenschaftliche Familiennamen aufgegeben werden, da sie nicht im Einklang mit den international gültigen Regeln stehen. Hier haben wir die altvertrauten Bezeichnungen in Klammern hinter die regelgemäßen Namen gesetzt. Unter **B** folgt die Beschreibung der Pflanze durch einige charakteristische Merkmale. **SV** (Standort und Verbreitung) berichtet über das Vorkommen und die Ansprüche dieser Art an Boden und Klima innerhalb des mitteleuropäischen Raumes. Unter **A** (Allgemeines) werden interessante Besonderheiten aufgeführt, wie Herkunft, Nutzen, verwandtschaftliche Beziehungen, besondere Ansprüche, weitere geläufige Volksnamen oder auch Erklärungen der Namen.
Die Randleiste ist mit Symbolen versehen, die über Eigenschaften und weitere Daten rasche Erkenntnisse vermitteln. Neben der Blütenform sind dies die **Haupt-**

blütezeit, die durchschnittliche normale **Wuchshöhe**, Angaben über die **Hauptstandorte**, die **Giftigkeit** und die **Schutzwürdigkeit**. Erläutert werden alle Symbole und Abkürzungen im Zusammenhang am Ende dieses Kapitels.

Eine Pflanzenbeschreibung kommt nicht ohne eine Mindestzahl von Fachausdrücken aus. Diese werden bildlich auf den Seiten 14–19 erläutert.

Die Anordnung der Pflanzen in diesem Teil erfolgte zunächst nach den Standorten, auf denen sie hauptsächlich anzutreffen sind.

Die erste Gruppe (S. 40–97) umfaßt Pflanzen der Äkker, Gärten, Weinberge, Wegränder, Schuttplätze und des jungen Ödlandes, also Stellen, an denen der Mensch durch periodische Eingriffe in die Bodenstruktur immer wieder für Veränderungen im Erdreich sorgt.

Die zweite Gruppe (S. 98–154) hat ihr Hauptvorkommen im Grasland, also den Mäh- und Streuwiesen, den Rainen und den Trocken- oder Halbtrockenrasen. Dort wird der Boden zwar eventuell durch Düngung beeinflußt, aber kaum mechanisch bearbeitet. Die Krume hat Ruhe, und das Wurzelwerk kann sich ungestört durch den Menschen ausbreiten, wenn auch die oberirdischen Sprosse immer wieder dem Mähschnitt oder dem gründlichen Verbiß durch zahlreich aufgetriebenes Weidevieh zum Opfer fallen.

Dann (S. 155–199) folgt die Waldpflanzengruppe, die sich über lange Zeiträume hinweg sowohl ober- als auch unterirdisch ungehindert durch menschliche Einflußnahme entwickeln kann.

Als Letztes (S. 200–219) wurde noch eine Feuchtgebietgruppe ausgegliedert, die sich in ihren Ansprüchen weniger nach dem Faktor „Mensch“ als nach dem hohen Wassergehalt des Bodens richtet.

Innerhalb dieser ökologischen Gruppen erfolgte die Unterteilung nach der Blütezeit, so daß die Frühblüher immer am Anfang stehen und die Herbstblüher am Schluß.

Erklärung der Abkürzungen und Symbole

A	Allgemeines (Besonderheiten)
B	Beschreibung (Merkmale)
N, O, S, W	Himmelsrichtungen
SV	Standort und Verbreitung

Aug. (etc.) Monat(e) der Hauptblütezeit

10–200 cm (Beispiel) Durchschnittliche Wuchshöhe der Pflanze

Blüten strahlig-symmetrisch, höchstens 4 Blütenblätter

Blüten strahlig-symmetrisch, 5 Blütenblätter

Blüten strahlig-symmetrisch, mehr als 5 Blütenblätter

Blüten zweiseitig-symmetrisch

Hauptvorkommen: **Unkrautfluren,** z. B. Äcker, Gärten, Weinberge, Wege, Ödland, Brache, Schuttplätze

Hauptvorkommen: **Grasland,** z. B. Wiesen Weiden, Triften, Raine, Rasen, Matten

Hauptvorkommen: **Gehölze,** z. B. Laub-, Misch-, Nadelwaldforste, Auwälder, Hangwälder, Schluchtwälder, Bergwälder, Krummholz, Heiden, Gebüsche, Niederwald, Hecken, Waldsäume, Waldschläge

Hauptvorkommen: **Feuchtgebiete,** z. B. Gewässer, Ufer, Sümpfe, Feuchtwiesen, Moore

Hauptvorkommen: **Pioniergesellschaften,** z. B. Felsen, Blockhalden, Gesteinsschutt, Rutschhänge, Geröll, Schotter, Kies, Sand, Dünen, Mauern

Giftpflanze

Pflanze schwach giftig oder giftverdächtig

Pflanze schutzwürdig, steht unter Naturschutz oder ist lokal vom Aussterben bedroht (Pflanze der „Roten Liste“)

Bildliche Darstellung der wichtigsten Fachausdrücke

Blütenpflanze

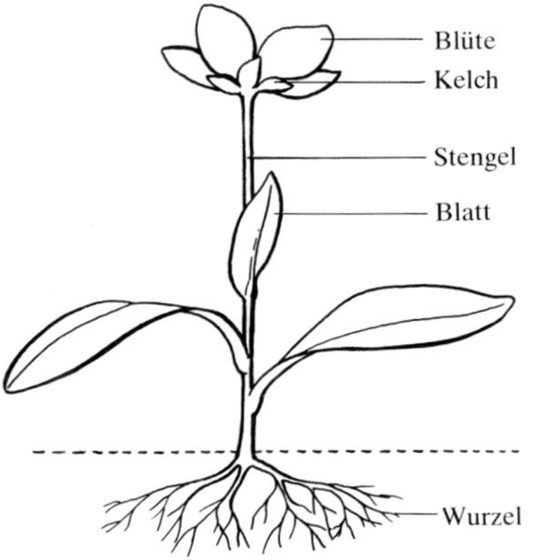

Blüte

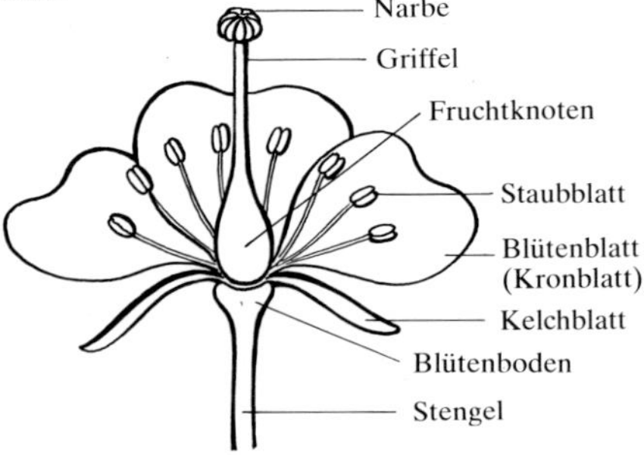

Blütenstände

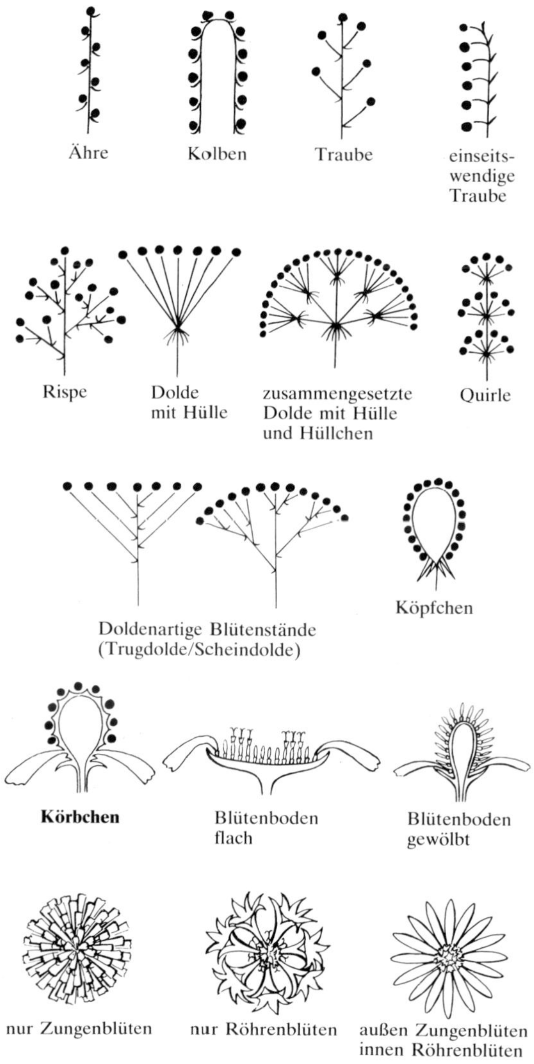

Blüte

flach

getrenntblättrig

glockig

zweiseitig symmetrisch

Orchideenblüte

mit Sporn

Lippenblüten

Schmetterlings-
blüte

Körbchenblüten

Zungenblüte

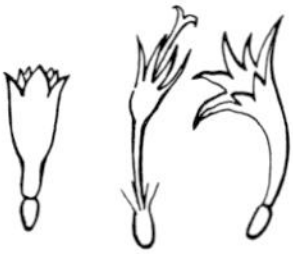

Röhrenblüten

Kelch

getrennt-
blättrig

verwachsen

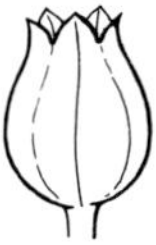

bauchig

zweilippig

Blattspreite

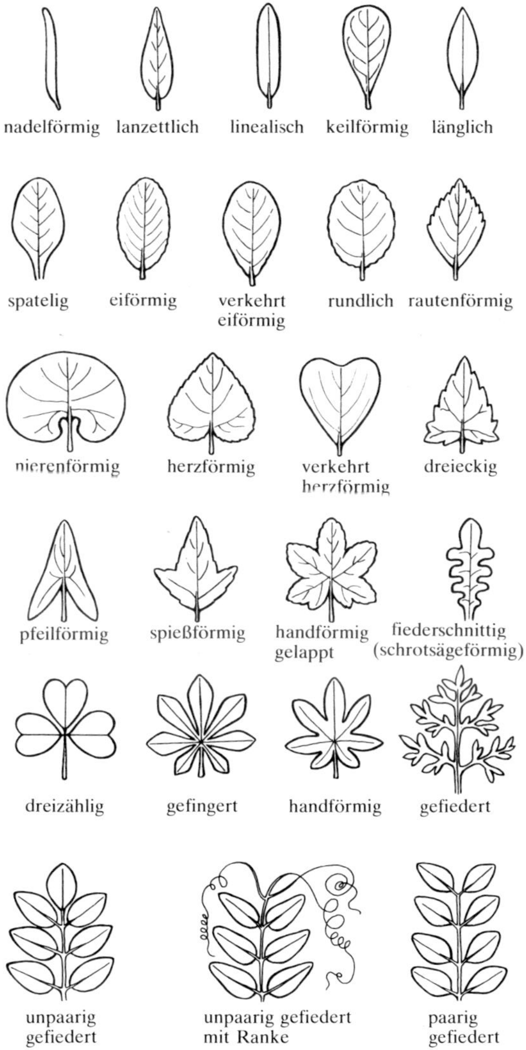

Blattrand

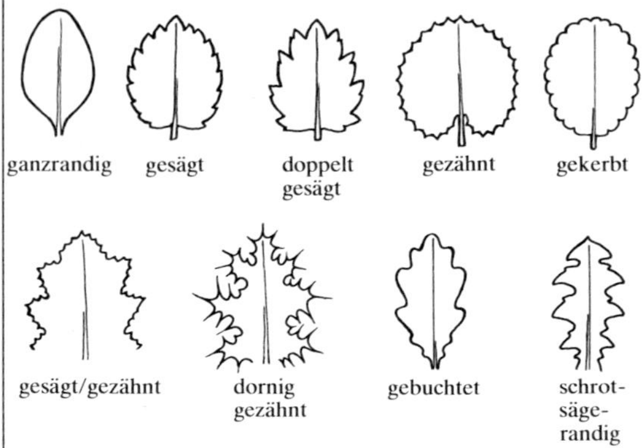

Nervatur

Blattstellung

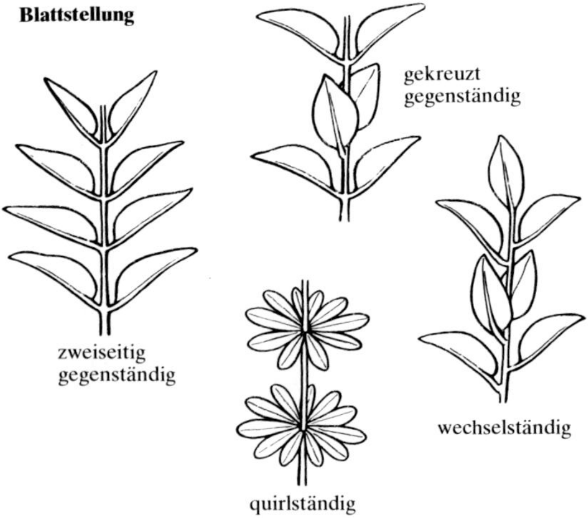

Stengel

mit Ausläufern

aufrecht

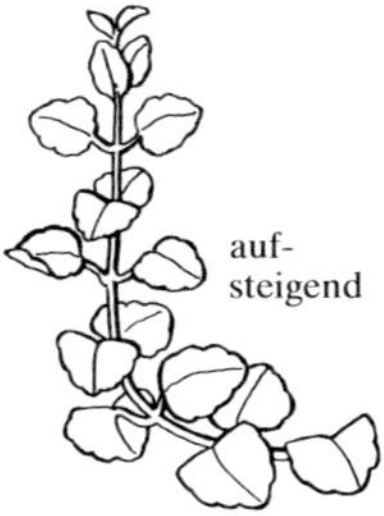

auf-
steigend

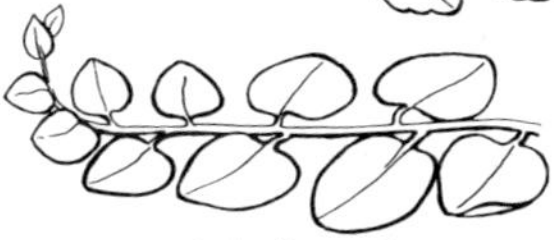

niederliegend

Unterirdische Pflanzenteile

Pfahlwurzel

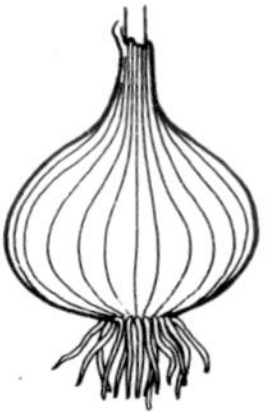

Zwiebel

Wurzelknolle

Sproßknolle

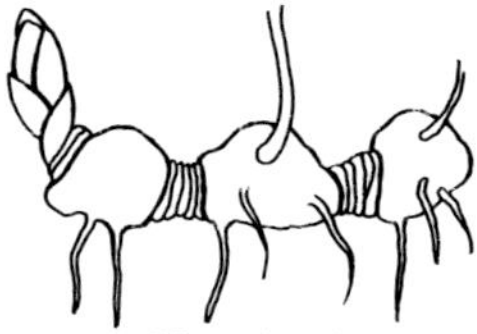

Wurzelstock

Seite 51 | Seite 62 | Seite 201

Seite 181 | Seite 49 | Seite 50

Seite 66 | Seite 162 | Seite 147

Seite 116 Seite 115 Seite 53

Seite 202 Seite 75 Seite 184

Seite 100 Seite 60 Seite 59

Seite 145

Seite 188

Seite 189

Seite 159

Seite 99

Seite 133

Seite 207

Seite 72

Seite 88

Seite 154 Seite 57 Seite 74

Seite 199 Seite 97 Seite 85

Seite 219 Seite 45 Seite 215

Seite 40 | Seite 149 | Seite 193

Seite 48 | Seite 86 | Seite 78

Seite 198 | Seite 122 | Seite 128

Seite 77 | Seite 125 | Seite 136

Seite 126 | Seite 113 | Seite 196

Seite 174 | Seite 190 | Seite 71

Seite 123 Seite 58 Seite 134

Seite 95 Seite 209 Seite 205

Seite 92 Seite 148 Seite 101

Seite 107 Seite 93 Seite 79

Seite 55 Seite 182 Seite 150

Seite 90 Seite 94 Seite 76

Seite 153 Seite 218 Seite 197

Seite 200 Seite 96 Seite 73

Seite 216 Seite 139 Seite 87

Seite 138 Seite 117 Seite 70

Seite 168 Seite 213 Seite 41

Seite 185 Seite 152 Seite 146

Seite 102 | Seite 212 | Seite 106

Seite 206 | Seite 43 | Seite 44

Seite 131 | Seite 91 | Seite 217

Seite 137 | Seite 170 | Seite 155

Seite 130 | Seite 191 | Seite 177

Seite 127 | Seite 141 | Seite 179

Seite 175 Seite 89 Seite 83

Seite 61 Seite 187 Seite 68

Seite 114 Seite 143 Seite 121

Seite 161
Seite 104
Seite 158

Seite 64
Seite 172
Seite 112

Seite 129
Seite 118
Seite 144

Seite 211 | Seite 204 | Seite 164

Seite 65 | Seite 80 | Seite 84

Seite 82 | Seite 132 | Seite 124

Seite 166 Seite 111 Seite 142

Seite 157 Seite 109 Seite 194

Seite 176 Seite 186 Seite 214

Seite 165 | Seite 56 | Seite 69

Seite 203 | Seite 46 | Seite 52

Seite 173 | Seite 192 | Seite 120

Seite 42

Seite 156

Seite 105

Seite 171

Seite 54

Seite 67

Seite 169

Seite 103

Seite 208

Seite 163 Seite 183 Seite 108

Seite 135 Seite 81 Seite 195

Seite 210 Seite 63 Seite 178

Seite 167 | Seite 180 | Seite 160

Seite 98 | Seite 140 | Seite 110

Seite 119 | Seite 47 | Seite 151

Gemeines Greiskraut *Senecio vulgaris*
Korbblütengewächse *Asteraceae (Compositae)*

Jan. - Dez.

15–30 cm

B: Körbchen enthalten nur Röhrenblüten. Fruchtknoten und Frucht mit einer Haarkrone. Stengel aufrecht oder aufsteigend. Blätter wechselständig, fiederig geteilt, schwach spinnwebig behaart.
SV: Unkraut in Gärten, auf Äckern, Schuttplätzen und an Wegen, gelegentlich auf Lichtungen in Wäldern. Bevorzugt stickstoffreiche, etwas feuchte Böden. Sehr häufig. Dringt in den Alpen bis über 1600 m vor.
A: Das Gemeine Greiskraut verdankt seinen Namen den weißen Flughaaren an den Früchtchen. Es gehört zu den Unkräutern, die dem Menschen um die ganze Erde gefolgt sind. Ursprünglich war es wohl im Mittelmeergebiet beheimatet. Dort wächst es auf wasserführenden Schutthängen. Als Unkraut bevorzugt es frisch bearbeitete Böden. Deswegen ist es in Gärten konkurrenzfähig und häufig. Da es lichtbedürftig ist, geht es unter schnell wachsenden Kulturpflanzen rasch zugrunde.

Purpurrote Taubnessel *Lamium purpureum*
Lippenblütengewächse *Lamiaceae (Labiatae)*

März – Okt.

10–25 cm

B: Stengel deutlich vierkantig. Blätter kreuzgegenständig, kurzgestielt, brennesselartig, doch ohne Brennhaare, runzelig und am Rand kerbig gesägt. Blüten purpurn, 1–2 cm lang, zu 3–5 in blattachselständigen Scheinquirlen.
SV: In Unkrautfluren, vor allem in Gärten und Hackfruchtfeldern. Bevorzugt schwere (lehmige) und nährstoffreiche Böden. Dringt in den Alpen bis gegen 1500 m vor.
A: Sehr zähes Unkraut. Zwar bringt es jede Blüte zu höchstens 4 Früchtchen (Nüßchen), doch keimen die Samen, die gern von Ameisen verschleppt werden, sehr rasch. Die Pflanze verankert sich mit dichtem, weitwucherndem Wurzelwerk im Boden und treibt viele, kräftig blühende Stengel. Diese brechen leicht, so daß beim Ausziehen die Wurzeln mit den Erneuerungsknospen im Boden verbleiben. Außerdem findet man fast zu allen Jahreszeiten blühende Exemplare (Insekten- oder Selbstbestäubung!).

Vogel-Sternmiere *Stellaria media*
Nelkengewächse *Caryophyllaceae*

März - Okt.

8–60 cm

B: Blüten unscheinbar, blattachselständig. Blütenblätter etwa so lang wie der Kelch, an der Spitze tief eingekerbt. Stengel niederliegend oder aufsteigend, rund, meist nur einreihig behaart.

SV: Unkraut in Gärten, auf Äckern, an Wegrändern und auf Schuttstellen, gelegentlich auf Waldlichtungen. Bevorzugt stickstoffreiche Böden, die gut durchfeuchtet sein sollten. Sehr häufig. Dringt in den Alpen bis über 2500 m vor.

A: Die Vogel-Sternmiere ist ein lästiges Unkraut. Bevor Menschen Ackerbau betrieben haben, kam sie wahrscheinlich nur in den stickstoffreichen Spülsäumen ungebändigter Flüsse und Ströme vor. Schon an diesen Standorten wurden Individuen ausgelesen, die in kurzer Zeit größere Flächen überwachsen konnten. Stengelbruchstücke schlagen auf feuchtem Untergrund an den Knoten rasch Wurzel und tragen so ungeschlechtlich zur Vermehrung bei. Auf die Reißfestigkeit soll der Volksname „Hühnerdarm“ hinweisen.

Efeu-Ehrenpreis *Veronica hederifolia*
Braunwurzgewächse *Scrophulariaceae*

März – Mai
5–30 cm

B: Blüten höchstens 5 mm breit, hell blauviolett, selten weißlich, einzeln in den Achseln der kleinen, drei- bis siebenlappigen (efeuartigen!) Blätter. Stengel niederliegend bis aufsteigend.
SV: Garten- und Ackerunkraut, seltener an offenen Stellen der Wege oder in Wäldern. Auf nicht zu trockenen, lehmigen Böden. Sehr häufig, da aber wärmeliebend, höchstens bis 900 m aufsteigend.
A: Der Efeu-Ehrenpreis stammt wahrscheinlich aus Südeuropa, ist aber hierzulande schon seit Jahrtausenden eingebürgert und wurde auch nach Nordamerika verschleppt. Er hat sich bei uns in mehrere Rassen aufgespalten: ssp. *hederifolia*, häufigste Form; mit blaßblauen Blüten (Chromosomensatz 2n = 54). Ssp. *triloba*, seltene Rasse trockener Standorte; mit sattblauen Blüten (2n = 18). Ssp. *lucorum*, Halbschattensippe, unter Hecken oder Gartensträuchern; Blüten blaßviolett (mit Rotstich!); Chromosomenzahl (Kernschleifenzahl) 2n = 36.

Persischer Ehrenpreis *Veronica persica*
Braunwurzgewächse *Scrophulariaceae*

März – Dez.

10–40 cm

B: Blüten um 1 cm im Durchmesser, himmelblau, mit weißlichem Fleck im Schlund, einzeln blattachselständig. Stengel liegend oder aufsteigend. Blätter gekerbt.
SV: Unkraut in Gärten und auf Äckern. Sehr häufig. Dringt in den Alpen bis fast zur Waldgrenze vor.
A: Bis vor etwa 200 Jahren war der Persische Ehrenpreis in Mitteleuropa eine Rarität. 1805 verwilderte er aus dem Botanischen Garten in Karlsruhe; 1815 wurde er in Basel, 1866 in Magdeburg gefunden. Fundberichte liegen aus den beiden ersten Jahrzehnten des letzten Jahrhunderts aus verschiedenen Gegenden Süd- und Südosteuropas vor. In Schlesien war er schon um 1820 nicht mehr selten. Von den beiden Zentren Karlsruhe und Schlesien aus eroberte er sich binnen eines Jahrhunderts ganz Europa. Rasche Keimung, kurze Generationendauer und schnelle Generationenfolge kamen ihm hierbei zustatten.

Huflattich *Tussilago farfara*
Korbblütengewächse *Asteraceae (Compositae)*

März – April
10–30 cm

B: Blüten in Körbchen. Diese einzeln und endständig auf dickem, nur mit Blattschuppen besetztem Schaft. Früchtchen mit Haarkrone. Die Laubblätter erscheinen erst gegen Ende der Blühzeit. Sie sind lang gestielt, rundlich-herzförmig und ringsherum mit einzelnen schwärzlichen Zähnchen besetzt.
SV: Wegränder, Dämme, Bachufer, Äcker und Ödland. Gern unter den Erstbesiedlern nackter Erde. Auch auf Steinböden. Schwach kalkliebend. Braucht grundwasserdurchsickerte Böden. Sehr häufig, bis 2300 m.
A: Alte Heilpflanze. Enthält Schleim- und Bitterstoffe sowie etwas Ätherische Öle. Vor allem die Blätter dienen als Tee (oder zum Gurgeln) bei Erkrankungen der Luftwege. Viele Hustenmittel enthalten Huflattichextrakte (lat. tussus = Husten). Die Blütenkörbchen stehen bei Sonnenschein aufrecht und sind voll geöffnet. Etwa ab 6 Uhr abends oder bei trübem Wetter sind sie geschlossen und hängen vornüber.

Hirtentäschelkraut *Capsella bursa-pastoris*
Kreuzblütengewächse *Brassicaceae (Cruciferae)*

März – Okt.

20–40 cm

B: Blüten unscheinbar. Die Frucht ist ein auf der Spitze stehendes, dreieckiges, oben herzförmig eingekerbtes Schötchen, dessen Stiel aufrecht vom Stengel abspreizt. Stengel entspringt einer Rosette. Blätter unregelmäßig fiederig geteilt.
SV: Unkraut in Gärten und Weinbergen, auf Äckern, Wegen, Schuttplätzen, an Dämmen und in viel betretenen Rasen. Sehr häufig. Dringt in den Alpen bis über 2000 m vor.
A: Das Hirtentäschelkraut benötigt nur eine Wuchsperiode von wenigen Wochen von der Keimung bis zur Samenbildung. Die Samen keimen das ganze Jahr über, und zwar sowohl bei tiefen Temperaturen als auch noch bei mehr als 35 °C. Durch die kurze Generationendauer vermögen immer einige Pflanzen zu überleben, selbst wenn während einer Kultur die Bodenkrume durch Hacken gelockert wird. Gelegentlich wird das Hirtentäschelkraut von einem Pilz befallen und sieht dann mehlig bestäubt aus.

Weiße Taubnessel *Lamium album*
Lippenblütengewächse *Lamiaceae (Labiatae)*

April – Okt.

30–60 cm

B: Pflanze brennesselähnlich, aber ohne Brennhaare und mit großen, weißen Lippenblüten: Oberlippe löffelförmig gewölbt, Unterlippe mit zweiteiligem Mittellappen. Blätter kreuzgegenständig.
SV: Unkraut an Wegen, Zäunen, Mauern, Dämmen, auf Schuttplätzen, auch in Wiesen und Gebüschen, seltener in Äckern. Auf nährstoffreichen, nicht zu trockenen Böden. Stickstoffzeiger. Sehr häufig, in den Alpen (vereinzelt) bis über 1600 m.
A: Die getrockneten Blüten sind ein altes Heilmittel bei Husten und Magen-Darm-Störungen. Ihre Gewinnung ist aber mühsam. Die Sammelausbeute einer Stunde ergibt nur wenige Gramm Trockenware. Im Unterteil der Kronröhre ist viel Nektar. Kinder naschen gern davon. Er dient eigentlich zum Anlocken der Bestäuber; dies sind langrüsselige Hummeln. Bienen gelangen mit ihrem kurzen Rüssel „legal“ nicht daran. Oft beißen sie ein Loch in die Kronröhre und werden so „Honigräuber“ (ohne Bestäubungsdienst).

April – Juni

10–60 cm

Gemeine Kuhblume *Taraxacum officinale*
Korbblütengewächse *Cichoriaceae (Compositae)*

B: Blüten in Körbchen; nur Zungenblüten. Stengel blattlos, weitröhrig. Fruchtknoten mit Haarkranz; reife Frucht mit Flugschirm („Pusteblume"). Blätter in einer Rosette. Pflanze führt Milchsaft.
SV: Rasen und Wiesen aller Art, auch als Unkraut in Gärten und auf Äckern. Scheut zu große Nässe und tiefen Schatten; gegen Hitze nicht sehr widerstandsfähig. Sehr häufig. Dringt in den Alpen bis über 2500 m vor.
A: Die Gemeine Kuhblume ist unter vielen Volksnamen eine der am besten bekannten Arten unserer Pflanzenwelt. Dies hat nicht nur mit ihrem Unkrautcharakter zu tun, sondern auch mit ihrer Nutzung in der Volksmedizin und als Wildsalatpflanze. Zu Salaten sollte man nur junge Blätter verwenden; ältere schmecken bitter. Die Kuhblume enthält Ätherisches Öl, Gerbstoffe und den Bitterstoff Lactucopicrin. Er ist schwach giftig. Bei Kindern wurden nach Ansaugen des Saftes Vergiftungen beobachtet.

Sonnwend-Wolfsmilch *Euphorbia helioscopia*
Wolfsmilchgewächse *Euphorbiaceae*

April – Okt.

5–30 cm

B: Doldenähnlicher, meist 5strahliger Blütenstand aus unscheinbaren, grünlichen Blüten. Blätter verkehrt eiförmig bis spatelig, 1–3 cm breit. Alle Pflanzenteile führen viel weißen Milchsaft.
SV: Bevorzugt nährstoffreiche, warme, doch nicht zu trockene Böden. Hauptvorkommen in Gartenbeeten, Hackfruchtfeldern und Weinbergen. Sehr häufig, doch kaum über 1000 m (Wärmebedürftigkeit!).
A: Der Milchsaft ist giftig. Er soll gegen Tierfraß schützen und dient zugleich als Wundverschluß. Neben dem Gift Euphorbon enthält er Harze und kautschukähnliche Stoffe, die an der Luft verkleben. Der Blütenstand wendet sich der Sonne zu und folgt ihrem Tageslauf. Darauf wies schon der römische Gelehrte Plinius hin. Der deutsche und der wissenschaftliche Name nehmen darauf Bezug (griech.: helios = Sonne; skopein = sehen). Die aus dem Mittelmeergebiet stammende Pflanze ist bei uns für die Jungsteinzeit nachgewiesen.

Zypressen-Wolfsmilch *Euphorbia cyparissias*
Wolfsmilchgewächse *Euphorbiaceae*

April - Mai

15–30 cm

B: Blüten unscheinbar; Blütenstand doldenähnlich. Blätter kaum 2 mm breit, aber 2–3 cm lang. Pflanze mit Milchsaft.

SV: Wege, Bahnschotter, lichte Stellen in trockenen Wäldern, trockene Rasen und magere Wiesen. Braucht kalkhaltigen Untergrund. Sehr häufig. Dringt in den Alpen bis über 2000 m vor.

A: Die Zypressen-Wolfsmilch enthält in ihrem Milchsaft das Gift Euphorbon. Deshalb wird sie vom Vieh nicht gefressen. Merkwürdigerweise ist sie die einzige Futterpflanze für die Raupe des Wolfsmilchschwärmers. Die Zypressen-Wolfsmilch wird oft von dem Rostpilz *Uromyces pisi* befallen. Befallene Pflanzen sind drastisch verändert: Sie bilden nur noch kurze, dicke Blätter, aber keine Seitenzweige und keine Blüten mehr. Sie enthalten wesentlich mehr von bestimmten pflanzlichen Hormonen als normale Pflanzen. Ob allein der veränderte Hormonspiegel die Wuchsform beeinflußt, ist ungeklärt.

Schöllkraut *Chelidonium majus*
Mohngewächse *Papaveraceae*

B: Blüten in einfachen Dolden oder einzeln in den Blattachseln. Blätter fiederspaltig, kahl oder etwas behaart, unterseits blaugrün. Die ganze Pflanze enthält reichlich orangegelben Milchsaft.

SV: Schuttplätze und verwahrloste Stellen an Mauern, Zäunen, Wegen, Dorfrändern, Hecken und Waldsäumen. Bevorzugt mäßig feuchte Böden. Stickstoffzeiger; Kulturbegleiter. Häufig; bis 900 m.

A: Die Pflanze mit dem außergewöhnlich gefärbten Milchsaft hat früher in der Volksmedizin und im Aberglauben eine große Rolle gespielt. Alchimisten sahen sogar in ihm den Schlüssel zur Goldgewinnung. Noch heute wird er vielerorts zum Abätzen von Warzen empfohlen. Ein eventueller Heilerfolg dürfte aber eher auf Autosuggestion als auf arzneiliche Wirkung zurückzuführen sein. Bei empfindlichen Menschen führt der Milchsaft zu Hautreizungen. Er enthält giftige Alkaloide und dient der Pflanze als Fraßschutz und zugleich als Wundverschluß.

April – Okt.

30–100 cm

Mai - Okt.

15–30 cm

Acker-Hellerkraut *Thlaspi arvense*
Kreuzblütengewächse *Brassicaceae (Cruciferae)*

B: Blüten unscheinbar. Die Frucht ist ein Schötchen, das über 1 cm im Durchmesser erreichen kann, rundlich-eiförmig, flach, breit geflügelt und an der Spitze tief ausgerandet ist. Stengel oben oft verzweigt. Blätter buchtig gezähnt: Blattgrund pfeilförmig. Zerriebene Blätter riechen lauchartig.
SV: Unkraut auf Äckern, in Gärten und Weinbergen, aber auch an Wegen und auf Schuttplätzen. Häufig. Liebt nährstoffreiche, besonders stickstoffreiche, lehmige Böden. Dringt in den Alpen kaum bis 1500 m vor.
A: Beim Acker-Hellerkraut kann man die für die Kreuzblütengewächse typische Frucht gut erkennen. Sie wird von 2 „Fruchtblättern" gebildet, die an ihren Rändern miteinander verwachsen sind. Zwischen den Fruchtblättern spannt sich eine „falsche Scheidewand", die bei reifen Früchtchen als Häutchen bestehenbleibt. „Schötchen" sind etwa so lang wie breit, „Schoten" wesentlich länger.

Kriechender Hahnenfuß *Ranunculus repens*
Hahnenfußgewächse *Ranunculaceae*

Mai – Aug.

15–50 cm

B: Pflanze mit oberirdisch kriechenden Ausläufern. Blüten einzeln aus den Blattachseln, 2–3 cm breit. Grundblätter dreizählig, mit fiederteiligen Abschnitten, der mittlere deutlich gestielt.
SV: Stickstoff- und Lehmzeiger. Bevorzugt gut durchfeuchtete Böden. An Ufern und Wegrändern, in Äkkern, Wiesen, Gärten und feuchten Wäldern. Sehr häufig; dringt in den Alpen bis über 2300 m vor.
A: Die Ausläufer sind oft mehrere Dutzend Zentimeter weit kriechende Seitenzweige. Überall dort, wo sie Blätter tragen, entwickeln sie auch Wurzeln. So entstehen in kurzer Zeit ganze Ketten von Jungpflanzen, die bald ihrerseits neue Ausläufer treiben. Allmählich verrottet die Verbindung zur Mutterpflanze, und die Ableger sind selbständige Individuen geworden. Aus einer Pflanze entsteht so oft ein großflächiger, dichtwüchsiger Bestand, der mit seinen unzähligen, bis zu 50 cm tief reichenden Wurzeln sehr schwierig zu jäten ist.

Mai - Okt.

20–100 cm

Weißes Leimkraut *Silene alba*
Nelkengewächse *Caryophyllaceae*

B: Blüten meist nur mit Staubgefäßen oder nur mit Fruchtknoten („eingeschlechtig"). Blütenblätter tief eingekerbt. Kelch bauchig. Stengel sparrig-gabelig verzweigt. Blätter gegenständig.

SV: Wächst auf Äckern, Schuttplätzen, in Gebüschen und an Wegen. Bevorzugt stickstoffreiche Böden. Wärmeliebend. Zerstreut. Dringt in den Alpen kaum über 1500 m vor.

A: Bei Tage sieht das Weiße Leimkraut meist nicht besonders schön aus. Besonders in warmer Luft sind die Blütenblätter welk und schlaff. Abends straffen und entfalten sie sich. Die Blüte beginnt zu duften. Dadurch werden Nachtschmetterlinge als Bestäuber angelockt, die die Blüten wahrscheinlich auch erkennen, weil sie Ultraviolettlicht reflektieren, das Menschen nicht sehen können. Gelegentlich sind die Blüten von einem Brandpilz befallen. Dann entwickeln auch weibliche Blüten Staubblätter, die indessen stets verpilzen.

Schlitzblättriger Storchschnabel *Geranium dissectum*
Storchschnabelgewächse *Geraniaceae*

Mai – Okt.
10–50 cm

B: Alle Blätter gestielt, die Spreite bis fast zum Grund handförmig geteilt; Teilblättchen wiederum in schmale Zipfel zerschnitten. Blüten meist zu zweien, Blütenblätter knapp 5 mm lang. Der Stiel des Blütenstandes ist kürzer als sein Tragblatt.
SV: In Gärten, auf Wegen und Schuttplätzen, vor allem in Hackfruchtäckern, seltener auf Getreidefeldern. Bevorzugt kalkhaltige, nährstoffreiche, eher trockene Böden. Zerstreut, stellenweise häufig (Lehm- und Wärmegebiete), nicht über 1000 m.
A: Der Schlitzblättrige Storchschnabel gehört zu der Gruppe der kleinblütigen Vertreter seiner Gattung, die nach der Eiszeit als Kulturfolger aus dem (weiteren) Mittelmeerraum bei uns eingewandert sind und sich vor allem in Unkrautfluren eingebürgert haben. Er ist heute weltweit in den gemäßigten Klimazonen verschleppt. Von den ähnlichen Arten ist er durch die angegebenen Merkmale sicher zu unterscheiden.

Lauchkraut *Alliaria petiolata*
Kreuzblütengewächse *Brassicaceae (Cruciferae)*

Mai - Juni

20–100 cm

B: Blüten in doldenähnlicher, gestauchter Traube. Stengel aufrecht, wechselständig beblättert. Blätter herzförmig, buchtig gezähnt. Alle Pflanzenteile riechen nach Zerreiben intensiv nach Knoblauch.
SV: Wächst an Wegrändern, Mauern und Zäunen, geht aber auch auf Bahnschotter, lichte Waldstellen und in Gebüsche. Braucht stickstoffreichen Boden und bevorzugt luftfeuchtes Klima. Zerstreut; oft in größeren Beständen. Dringt in den Alpen nur bis etwa 1200 m vor (wärmebedürftig).
A: Das Lauchkraut ist auch als „Knoblauchsrauke“ bekannt. Dieser Name ist recht treffend: Alle grünen Teile der Pflanze enthalten einen Stoff, aus dem nach Verletzen der Zellen „Knoblauchöl“ abgespalten wird; auch Senföle kommen in der Knoblauchsrauke reichlich vor. Früher wurde sie in der Volksmedizin benutzt; heute ist ihr Gebrauch seltener geworden, desgleichen ihre Verwendung als Würze von Wildsalaten.

Gelbe Resede *Reseda lutea*
Resedengewächse *Resedaceae*

Mai – Okt.

30–60 cm

B: Blüten in langer, anfangs sehr dichter Traube am Ende des aufsteigenden bis aufrechten Stengels, der oft verzweigt ist. Meist vier große, tief zerteilte Kronblätter, dazu 2 sehr kleine. Obere Blätter einfach bis doppelt fiederspaltig.
SV: Vor allem in offenen Unkrautfluren an Bahndämmen, Wegen und Schuttplätzen, in Steinbrüchen und auf Fabrikgelände. Bevorzugt eher trockene, nährstoffreiche und kalkführende Böden in wärmeren Lagen. Im Norden selten, sonst zerstreut; bis 900 m.
A: Die Pflanze wurde aus Südeuropa eingeschleppt. Im Gegensatz zu der wohlriechenden Garten-Resede wird sie auch Wilde Resede genannt. Sie enthält, wie ihre Verwandte, die Färber-Resede (Wau), den gelben Farbstoff Luteolin, der früher zur lichtechten Gelbfärbung von Textilien verwendet wurde. Ihretwegen führt sie auch den Namen Gelber oder Wilder Wau (Wau, Waid = altgermanische Bezeichnung für [Blau-/ Grün-]Färbepflanzen).

Klatsch-Mohn *Papaver rhoeas*
Mohngewächse *Papaveraceae*

Mai – Juli

30–80 cm

B: Blüten groß, leuchtend rot; Blütenblätter am Grund oft mit einem dunklen Fleck. Blütenstiele mit abstehenden, borstig-steifen Haaren. Fruchtknoten und Kapsel kahl. Pflanze mit Milchsaft.

SV: Getreideäcker, Hackfruchtäcker, Schuttplätze. Bevorzugt kalkhaltigen Lehmboden. Zerstreut. Dringt in den Alpen kaum über 1500 m vor.

A: Ehe man Unkräuter chemisch bekämpfte, gehörte der Klatsch-Mohn zu den häufigen Getreideunkräutern. Heute fehlt er vielerorts in den Getreidefeldern und tritt allenfalls auf Schutt auf. Dort kann er kleine Bestände bilden. Die leichten Samen werden durch den Wind aus der Porenkapsel, wie sie für Mohn-Arten typisch ist, herausgeschüttelt und verweht. Junge Knospen stehen aufrecht am Stengel, ältere nicken. Der Milchsaft enthält ein Alkaloid, ist aber nur schwach giftig; bei Kindern sind vereinzelt Vergiftungen beschrieben worden.

Gänse-Fingerkraut *Potentilla anserina*
Rosengewächse *Rosaceae*

Mai – Juli

15–50 cm

B: Blüten einzeln auf langen Stielen, etwa 2 cm im Durchmesser. Blätter vielpaarig gefiedert, mit Endblättchen, unterseits silbrig-seidig behaart. Stengel oft ausläuferartig kriechend und wurzelnd.
SV: Wegränder, Dorfplätze (Gänseanger!), Ufer, Strandwiesen, Brachland, Weiden. Stets auf gut durchfeuchteten, nährstoffreichen, meist verdichteten Lehmböden; salzverträglich. Häufig; da etwas wärmebedürftig, kaum über 1000 m ansteigend.
A: Das Gänse-Fingerkraut erfreute sich früher größerer Wertschätzung als Wildgemüse und vor allem als Heilpflanze für vielfache Leiden (Krämpfe und Koliken aller Art, Ruhr). Es enthält, wie die meisten Vertreter seiner Gattung, reichlich Gerbstoffe. Im Unterschied zu ihnen hat es keine „gefingerten", sondern gefiederte Blätter, was nicht so recht zu seinem deutschen Namen paßt. Dagegen war es die eigentliche „Potentilla" des Mittelalters (von lat. potentia = Kraft – hier: Heilkraft!).

Kriechendes Fingerkraut *Potentilla reptans*
Rosengewächse *Rosaceae*

Mai – Aug.

30–60 cm

B: Blüten einzeln in den Blattachseln, gestielt, 1,5 – 2,5 cm im Durchmesser. Stengel niederliegend, ausläuferartig kriechend, an den Knoten wurzelnd. Blätter gestielt, handförmig geteilt, meist 5-, seltener 3zählig. Teilblättchen länglich-eiförmig, gesägt, unterseits behaart.

SV: Wegränder in Wald und Feld, mäßig feuchte Wiesen, Schuttplätze, Ufer, seltener auf Äckern oder in Gärten. Stickstoff- und wärmeliebend. Häufig. Dringt in den Alpen nur vereinzelt über 1000 m vor.

A: Ehe Mitteleuropa durch den Menschen umgestaltet wurde, kam das Kriechende Fingerkraut wahrscheinlich nur in oft überfluteten, verdichteten Ufersäumen von Flüssen und Strömen vor. Dort vermochte es mit seinen weitkriechenden Stengeln rasch größere Flächen zu überziehen. Da es an den Knoten wurzelt, entstanden auf diese Weise Tochterpflanzen. Das Kriechende Fingerkraut enthält Gerbstoffe und wurde früher als Heilpflanze genutzt.

Feld-Rittersporn *Consolida regalis*
Hahnenfußgewächse *Ranunculaceae*

Mai – Sept.

10–50 cm

B: Blüten mit langem Sporn in lockerer, wenig-, doch langästiger Traube. Blätter in schmale Zipfel zerspalten. Stengel meist stark verzweigt.

SV: Als Unkraut in Getreideäckern früher häufig, heute sehr selten geworden, eher Ausweichstandorte wie Schuttplätze, Weg- und Straßenränder oder Kompostlager besiedelnd. Auf nicht allzu trockenen, lehmigen Kalkböden in tieferen (warmen) Lagen. Kaum über 700 m ansteigend.

A: Der Nektar wird im hinteren Ende des „Honigsporns" dargeboten, so daß nur langrüsselige Hummeln und gelegentlich Schmetterlinge als Bestäuber in Betracht kommen. Die Pflanze ist durch Alkaloide schwach giftig, doch fanden früher Blüten und Blätter als Heilmittel Verwendung. Der Name *Consolida* (consolidare, lat. = festmachen, hier: zusammenheilen) verweist noch auf den mittelalterlichen Glauben, die Pflanze könne die Wundheilung günstig fördern.

Acker-Senf *Sinapis arvensis*
Kreuzblütengewächse *Brassicaceae (Cruciferae)*

Mai – Aug.
30–60 cm

B: Blüten in gedrungenen, später verlängerten Trauben; Durchmesser 1–1,5 cm. Kelchblätter stehen waagrecht ab. Stengel meist aufrecht, spärlich verzweigt. Blätter ungeteilt, meist stark eingebuchtet, die unteren oft mit vergrößertem Endlappen. Frucht mehrfach länger als breit (Schote).
SV: Unkraut; ursprünglich vor allem in Getreidefeldern; heute durch Bekämpfung mit Wuchsstoffmitteln auf Schuttplätzen und an Wegen häufiger als an seinen „klassischen" Wuchsorten. Besiedelt nährstoffreiche und meist kalkhaltige Lehmböden. Häufig. Dringt in den Alpen bis etwa 1000 m vor.
A: Jede Pflanze des Acker-Senfs erzeugt Tausende von Samen. Sie keimen am besten bei Temperaturen unter 15 °C und bei nur dünner Bodenbedeckung. Werden sie tief untergepflügt, sollen sie bis zu 50 Jahren keimfähig bleiben. So wird verständlich, warum an Baustellen abgehobener und aufgeschütteter Boden oft dicht mit Acker-Senf bewachsen ist.

Mehlige Königskerze *Verbascum lychnitis*
Braunwurzgewächse *Scrophulariaceae*

Juni – Sept.

50–130 cm

B: Blüten in langer Traube, sehr kurz gestielt. Ihre Staubfäden weißwollig. Stengel aufrecht, dicklich, oben scharfkantig. Untere Blätter gestielt, obere eiförmig-lanzettlich, sitzend. Blattunterseite und Stengel wie von Mehl bestäubt.
SV: Bahndämme, Trockenrasen, Wegraine, Gebüsche, lichte Wälder und Kahlschläge. Kalk- und wärmeliebend; auf eher trockenen Böden. In den Kalkgebieten häufig, doch kaum über 1000 m; im Norden seltener.
A: Das „Mehl" entpuppt sich unter der Lupe als ein dichter Filz von kurzen, sternförmig verzweigten Haaren (Sternhaare). Dieser Pelz ist für fast alle Arten der Gattung charakteristisch. Er schützt die Pflanzen an heißen Tagen vor allzu großer Verdunstung, da sich zwischen ihm und der Blattfläche eine dünne, feuchtigkeitsgesättigte Luftschicht halten kann. Auf ihn bezieht sich auch der Gattungsname (abgeleitet aus Barbascum; lat. barba = Bart, also „bärtiges Kraut").

Blauer Natternkopf *Echium vulgare*
Borretschgewächse *Boraginaceae*

Juni – Sept.
30–120 cm

B: Blüten einzeln oder zu mehreren in den Achseln der oberen Blätter. Blütenblätter in der Knospe rot, aufgeblüht blau. Stengel aufrecht. Blätter lanzettlich. Ganze Pflanze mit Borstenhaaren besetzt, die am Grunde deutlich verdickt sind.
SV: Wegränder, Raine, Dämme, Schuttplätze. Häufig. Dringt in den Alpen bis etwa 2000 m vor.
A: Der Blaue Natternkopf hat seinen Namen wegen seiner Blüten erhalten. Aus ihnen ragt meist deutlich der Griffel mit seiner gespaltenen Narbe hervor; sie soll an eine Schlangenzunge erinnern. Auffällig ist der Farbwechsel der Blütenblätter in ihrer Entwicklung von der Knospe zur Blüte. Er wird durch eine Änderung des Säuregrads im Zellsaft hervorgerufen. In den Zellen junger Blüten ist der Zellsaft sauer; der Farbstoff ist dann rot. In den Zellen entfalteter Blüten reagiert der Zellsaft neutral oder schwach basisch. Der Farbstoff ist jetzt blau.

Große Brennessel *Urtica dioica*
Nesselgewächse *Urticaceae*

Juni – Okt.

60–150 cm

B: Pflanze mit Brennhaaren. Blätter gekreuzt-gegenständig, länger als ihr Stiel, eiförmig, lang zugespitzt, am Rand grob gesägt. Blüten unscheinbar, in langen, hängenden Rispen aus den Blattachseln.
SV: Schuttplätze, Wegränder, Ufer, feuchte Stellen in Wäldern. Stickstoffzeiger, in Wäldern auch Nässezeiger. Sehr häufig, in den Alpen bis 2400 m.
A: Die Brennhaare enthalten ein Nesselgift und den Eiweißstoff Histamin. Beide zusammen erzeugen auf der Haut die bekannten Nesselausschläge. Dazu genügt schon ein zehnmillionstel Gramm. Desungeachtet ergeben die jungen Blätter gekocht den gesunden, weil vitamin- und eisenreichen „Brennesselspinat". Der Giftstoff wird durch Kochen zerstört. Die Pflanze findet ferner Verwendung zu Heiltees, als Färbemittel oder zur Fasergewinnung. Außerdem wird sie neuerdings in der Gärtnerei als wärmender Grün-Dung und in wäßrigen Abkochungen oder Auszügen zur Schädlingsbekämpfung empfohlen.

Gemeine Nachtkerze *Oenothera biennis*
Nachtkerzengewächse *Onagraceae (Oenotheraceae)*

Juni - Aug.

60–100 cm

B: Blüten mehr als 3 cm im Durchmesser. Blütenblätter länger als die Staubblätter. Stengel aufrecht, oft unverzweigt. Blätter länglich-eiförmig.
SV: Bahndämme, Schuttplätze, Steinbrüche, Wege, seltener an Flußufern. Zerstreut. Dringt in den Alpen kaum über 1000 m vor.
A: Die Gemeine Nachtkerze wurde zu Beginn des 17. Jahrhunderts aus Nordamerika nach Europa gebracht und zunächst in Botanischen Gärten als Zierpflanze gezogen. Im 18. Jahrhundert soll sie als Gemüsepflanze da und dort kultiviert worden sein. Die Wurzeln wurden ähnlich wie Schwarzwurzeln zubereitet. Die Gemeine Nachtkerze galt auch als Heilpflanze. Als Inhaltsstoffe sind Gerbstoffe bekannt. Ihnen könnte eine gewisse Wirkung zukommen. Aus ihren Kulturen ist die Gemeine Nachtkerze vor allem im letzten Jahrhundert verwildert. Sie hat sich in Mitteleuropa hauptsächlich längs der Eisenbahnlinien ausgebreitet.

Taubenkropf-Leimkraut *Silene vulgaris*
Nelkengewächse *Caryophyllaceae*

Juni – Aug.

20–50 cm

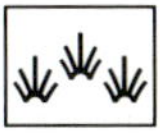

B: Blüten in lockerer Trugdolde; Kronblätter auf etwa $^{1}/_{3}$ in zwei Lappen geteilt; Kelch verwachsen, aufgeblasen, netzadrig mit 20 Längsnerven. Blätter gegenständig. Ganze Pflanze kahl.
SV: Äcker, Wegränder, Halbtrocken- und Magerrasen, Steinböden, Bahnschotter, Gebüsche und lichte Wälder. Schwach kalk- und stickstoffliebend, auf eher etwas trockenen Böden. Zerstreut bis häufig, in einer Alpenrasse auf Kalkschutthalden bis 2200 m.
A: Auch andere Artnamen der vielgestaltigen Pflanze beziehen sich auf den wie geschwollen aussehenden Blütenkelch (Aufgeblasenes oder Klatsch-Leimkraut). Dagegen passen Bezeichnungen wie Gewöhnliches oder Gemeines (= Allgemeines) Leimkraut nicht so ganz, da gerade diese Art im Gegensatz zu anderen ihrer Gattung keine klebrigen „Leimstengel" zur Abwehr gegen aufsteigende Fraßinsekten besitzt. Indessen enthält sie Saponine und wurde früher zu Heilzwecken benutzt.

Luzerne *Medicago sativa*
Schmetterlingsblütengewächse *Fabaceae (Leguminosae)*

Juni – Sept.

20–80 cm

B: Blüten in köpfchenartigen Blütenständen, die 2–3 cm lang und fast ebenso breit sind. Blüten rot- bis blauviolett. Stengel verzweigt. Blätter dreiteilig. Teilblättchen länglich-verkehrteiförmig, vorn gezähnt.
SV: Wege, Rasen, Waldränder. Bevorzugt Lehmböden. Tiefwurzler. Oft angebaut. Häufig. Überschreitet in den Alpen kaum 1000 m.
A: Die Luzerne wurde schon im Altertum aus Vorderasien als Futterpflanze nach Griechenland und später auch nach Italien gebracht, gelangte aber erst im 16. Jahrhundert nach Mitteleuropa. Die Luzerneblüte hat einen eigenartigen Bestäubungsmechanismus: Die Staubgefäße sind durch die unteren Blütenblätter umschlossen und auf diese Weise zwangsgestreckt. Betritt ein schwereres Insekt diese Blütenblätter, löst es die verwachsenen Staubblätter aus ihrer Verankerung; sie schnellen nach oben, und das Insekt erhält – zusammen mit dem Pollen – einen Schlag.

Acker-Rettich *Raphanus raphanistrum*
Kreuzblütengewächse *Brassicaceae (Cruciferae)*

Juni – Aug.
30–60 cm

B: Blüten in doldenähnlicher, später langgestreckter Traube, weiß oder hellgelb, mit gelber oder dunkelvioletter Aderung. Kelchblätter steil aufrecht. Frucht eine quergegliederte Schote.
SV: Äcker, Schuttplätze, Gärten. Bevorzugt eher feuchte, nährstoffreiche, kalkarme und leicht saure Böden. Sehr häufig, bis über 1300 m aufsteigend.
A: Im Norden und Osten überwiegen, vor allem auf Sandböden, die gelbblühenden Formen, die dem Akker-Senf (S. 62) ähneln, der sich aber leicht durch die waagrecht abstehenden Kelchblätter unterscheiden läßt. Unsere Pflanze wird auch Wilder Rettich oder Hederich genannt. Die mitteleuropäischen Formen sind aber vermutlich nicht die Ahnen des Garten-Rettichs gewesen. Das Wort Hederich ist unklarer Herkunft: vermutlich von lat. hederaceus = efeuartig = wild wucherndes Grünzeug; nach anderer Lesart von „heydrettig“, – Heide hier im Sinn von wildem (unkultiviertem) Grünland.

Juni – Sept.

30–120 cm

Erdnuß-Platterbse *Lathyrus tuberosus*
Schmetterlingsblütengewächse *Fabaceae (Leguminosae)*

B: Blüten stehen in lockerer Traube. Sie werden 1,5–1,8 cm lang. Blätter mit einem Paar Teilblättchen und einer gefiederten Ranke. Unterirdischer Stengel mit Knollen.

SV: Getreideäcker, Wege, Schuttplätze. Zerstreut. In den Alpen sehr selten und kaum bis 1000 m aufsteigend.

A: Die Erdnuß-Platterbse verdankt ihren Namen den unterirdischen Knollen. Sie sind reich an Eiweißen und Kohlenhydraten, enthalten jedoch Bitterstoffe. Deswegen kommen sie für die menschliche Ernährung kaum in Frage. Die Knollen werden beim Pflügen voneinander getrennt. Aus jeder treibt im nächsten Jahr eine Pflanze. Daher wächst die Erdnuß-Platterbse oft in „Nestern“ und raubt so den Getreidepflanzen Licht. Sie treibt spät im Jahr aus und entgeht meist der chemischen Unkrautbekämpfung. Sie ist infolgedessen in den letzten Jahren eher häufiger geworden.

Gemeines Leinkraut *Linaria vulgaris*
Braunwurzgewächse *Scrophulariaceae*

Juni – Okt.

30–60 cm

B: Blüten in einer Traube am meist aufrechten Stengel, zweilippig, gespornt. Unterlippe mit orangegelbem Fleck. Blätter zahlreich, lineallanzettlich.
SV: Auf Bahndämmen und Schuttplätzen, an Wegen, Mauern und Zäunen, auch im Getreide, in Weinbergen und Kahlschlägen; meist in größeren Herden. Bevorzugt offene, sonnige Standorte mit nährstoffreichen, nicht allzu trockenen, aber lockeren Böden. Häufig, bis gegen 1100 m ansteigend.
A: Durch die schmalen Blätter, die denen des echten Leins (Flachs – *Linum*) ähnlich sind, kam das Leinkraut (Frauenflachs) zu seinem Namen. Seine Blüten weisen es aber als Verwandten des Löwenmäulchens *(Antirrhinum majus)* aus. Deshalb wird es mancherorts auch „Kleines Löwenmaul“ genannt. Der hochgewölbte Mittelteil der Unterlippe, der „Gaumen“, verschließt den Zugang zur Kronröhre und dem nektarbergenden Sporn. Nur die kräftigen Hummeln vermögen diese Sperre zu durchbrechen.

Schwarze Königskerze *Verbascum nigrum*
Braunwurzgewächse *Scrophulariaceae*

Juni - Sept.

30–100 cm

B: Blütenstand lange Traube. Blüten 1,5–2,5 cm im Durchmesser. Staubfäden mit violetten „Wollhaaren". Stengel aufrecht, wenig verzweigt. Blätter gekerbt, nicht am Stengel herablaufend, mindestens auf der Unterseite dicht behaart.
SV: Wege, Bahndämme, Raine, Schuttplätze, Waldränder, Lichtungen, Ufer. Bevorzugt eher feuchte, stickstoffhaltige und oft lehmige Böden. Zerstreut. Dringt in den Alpen bis etwa 1500 m vor.
A: Die „Schwarze" Königskerze verdankt ihren Namen anscheinend ihren dunkelgrünen Blättern und ihrem oft dunkelrotbraunen Stengel. Früher wurde sie als Heilpflanze genutzt. Inhaltsstoffe, die eine solche Verwendung als gerechtfertigt erscheinen lassen, hat man nicht gefunden. Angegeben wird als Inhaltsstoff Aucubin, ein scharf schmeckendes Glycosid, das für Insekten, möglicherweise auch für Warmblüter, giftig ist. Die Blätter sollen in geringen Mengen Saponine enthalten.

Lanzett-Kratzdistel *Cirsium vulgare*
Korbblütengewächse *Asteraceae (Compositae)*

Juni – Okt.

60–130 cm

B: Blüten in 2–4 cm breiten, eilänglichen bis rundlichen Körbchen. Diese mit stacheligen Hüllblättchen; traubig angeordnet. Nur Röhrenblüten. Blätter tief fiederspaltig, stachelig, herablaufend, unterseits dünn graufilzig. Fruchtknoten und Frucht behaart; Haare fiedrig verzweigt.
SV: Wegränder, Schuttplätze, Ufer und Kahlschläge. Bevorzugt trockene bis schwach durchfeuchtete, humusreiche Lehmböden. Stickstoffzeiger. Kalkliebend. Häufig, in den Alpen bis gegen 1300 m.
A: Trotz ihrer Stacheligkeit wird die Pflanze vor allem von Ziegen gern als Futter angenommen, während sie vom Großvieh im allgemeinen verschmäht wird. Es gibt allerdings Rassen, die sich durch besonders derbe Dornen auszeichnen, neben weichdornigen, die etwas schattigere Standorte besiedeln. Die weitere Untergliederung der Art in Formen mit eirundlichen und solche mit länglich-schmalen Blütenkörbchen ist noch nicht ganz geklärt.

Strahlenlose Kamille *Matricaria discoidea*
Korbblütengewächse *Asteraceae (Compositae)*

Juni - Aug.
15-40 cm

B: In den unauffälligen Körbchen stehen meist nur grünlich-gelbe Röhrenblüten. Verkümmerte weiße Zungenblüten werden vereinzelt ausgebildet. Stengel niederliegend bis aufsteigend, verzweigt, dicht beblättert. Blätter doppelt fiederteilig; Blattzipfel schmal. Ganze Pflanze riecht aromatisch.

SV: Wege, Brachland, Schuttplätze, Bahndämme, seltener auf Mauern oder in Äckern. Bevorzugt nährstoffreichen, verdichteten Boden („Trittpflanze"). Häufig. Dringt in den Alpen kaum über 1000 m vor.

A: Die Strahlenlose Kamille ist erst um die Mitte des 19. Jahrhunderts nach Mitteleuropa eingeschleppt worden. Sie stammt vermutlich aus dem nördlichen Ostasien, kam jedoch vielleicht auch in Nordamerika ursprünglich vor. Heute ist sie weltweit verschleppt. Sie kann – trotz ihres aromatischen Geruchs – die Echte Kamille als Heilpflanze nicht ersetzen, da sie keine entzündungshemmenden Inhaltsstoffe besitzt.

Scharfe Fetthenne *Sedum acre*
Dickblattgewächse *Crassulaceae*

Juni – Aug.

5–15 cm

B: Stengel kriechend oder aufsteigend, dicht mit kleinen, dickfleischigen Blättchen von eiförmigem Umriß besetzt. Die Blätter schmecken brennend scharf (Vorsicht! Höchstens wenig kauen, nicht schlucken). Blütenblätter 6–9 mm lang.
SV: Bei Bahnhöfen und im Schotter der Geleise, auf Kieswegen und Kiesbänken, Mauern, Sanddünen, in Felsspalten, sandigen Rasen und Kiefernwäldern. Auf sonnenwarmen, oft recht trockenen, mäßig nährstoffreichen, sandigen oder steinigen Böden. Gern auf Kalk. Zerstreut; bis gegen 1000 m ansteigend.
A: Wird auch „Scharfer Mauerpfeffer" genannt. Der Name bezieht sich einerseits auf den Standort, zum andern auf den scharfen Geschmack der Pflanze, die ein giftiges Alkaloid enthält, das bei längerem Kauen mehrerer Blätter schon Brechreiz hervorrufen kann. Trotzdem wurde sie früher arzneilich (vor allem gegen Verstopfungen) angewandt und sogar als Salatwürze empfohlen.

Acker-Winde *Convolvulus arvensis*
Windengewächse *Convolvulaceae*

Juni - Okt.

30–100 cm

B: Blüten bis 2,5 cm lang, meist rotstreifig oder rötlich, einzeln oder (selten) zu zweien oder dreien in den Blattachseln. Stengel niederliegend oder linkswindend, kahl. Blätter wechselständig, gestielt, am Grund pfeil- oder spießförmig, meist kürzer als 3,5 cm.

SV: Äcker, Gärten, Wege, Schuttplätze. Bevorzugt humusarmen Lehmboden. Häufig. Dringt in den Alpen kaum bis 1000 m vor.

A: Die Blüten der Acker-Winde öffnen sich zwischen 7 und 8 Uhr und schließen sich am frühen Nachmittag desselben Tages; dann sind sie verblüht. Auf geteerten Feldwegen oder auf frisch angelegten Gehwegen fallen Acker-Winden nicht selten dadurch auf, daß sie selbst Teerbeläge durchbrechen. Dank ihrer tief und meterweit im Boden kriechenden unterirdischen Sprosse vermag die Acker-Winde das Teeren zu überstehen. Ihre Stengelspitzen bohren sich mit hohem Druck durch das Erdreich.

Echter Steinklee *Melilotus officinalis*
Schmetterlingsblütengewächse *Fabaceae (Leguminosae)*

Juni - Sept.
30–120 cm

B: Blätter dreiteilig, kleeartig; Teilblättchen länglich-oval, buchtig gezähnt. Blüten in langgestielten, dichten, etwas einseitswendigen Trauben aus den oberen Blattachseln. Fruchtknoten und Frucht (Hülse) kahl, mit 5–8 Samen(anlagen).
SV: Wege, Bahndämme, Äcker, Ödland, Schuttplätze. Bevorzugt warme, besonnte, eher trockene, nährstoff- und kalkreiche Böden. Häufig; bis etwa 1000 m.
A: Die Pflanze erfreut sich in der Volksmedizin großer Wertschätzung. Ihr intensiver Waldmeisterduft weist auf einen hohen Cumarin-Gehalt, daneben finden sich noch Schleimstoffe und Ätherische Öle. Bei innerlicher Anwendung als Tee (aus Blüten und Blättern), vor allem gegen Bronchialerkrankungen und Unterleibsbeschwerden, kann zu hohe Dosierung aber zu Kopfschmerzen und Schwindelgefühl führen (Cumarin-Kater). Der leicht zu verwechselnde Hohe Steinklee (Hülsen kurzhaarig), besitzt dieselbe Wirkung.

Rauhe Gänsedistel *Sonchus asper*
Korbblütengewächse *Cichoriaceae (Compositae)*

Juni – Okt.

30–100 cm

B: Blütenkörbchen stehen in doldenrispigem Blütenstand; sie erreichen 1–2 cm im Durchmesser und sind sattgelb. Stengel im Bereich des Blütenstands kahl. Blätter dunkelgrün. Ganze Pflanze mit Milchsaft.

SV: Gärten, Äcker, Schuttplätze, Wege. Bevorzugt lehmige Böden. Dringt in den Alpen bis etwa 1000 m vor.

A: Die Rauhe Gänsedistel ähnelt der Kohl-Gänsedistel. Die letztere hat meist deutlich blaugrüne Blätter. Bei beiden Arten besitzen die Stengelblätter einen erweiterten Blattgrund, die „Öhrchen“. Sie sind bei der Rauhen Gänsedistel abgerundet und dem Stengel angedrückt. Bei der Kohl-Gänsedistel sind die Öhrchen zugespitzt und vorgestreckt. Im Mittelalter wurde die Kohl-Gänsedistel angebaut und als Gemüse gegessen. „Spinat“ aus ihren Blättern ist wäßrig-faserig, eher für Gänse als für Menschen geeignet. Darauf verweist der Gattungsname.

Große Fetthenne *Sedum telephium*
Dickblattgewächse *Crassulaceae*

Juni – Sept.
20–50 cm

B: Ganze Pflanze kahl, glatt. Blätter eiförmig, oft etwas gezähnt, flach, aber dickfleischig. Vielblütige, gedrängte, oft fast doldenartige Rispe mit gelblichgrünen oder purpurroten Blüten.
SV: Sowohl in Felsspalten, Geröllhalden, Steinrasen und auf Mauern als auch in Unkrautgesellschaften der Äcker, Wege und Hecken, an sonnigen Rainen und in lichten Wäldern. Bevorzugt eher trockene, nährstoffreiche Steinböden. Zerstreut; bis 900 m.
A: Tritt in mehreren Farbrassen auf: ssp. *maximum,* mit meist grüngelben, seltener hellrötlich überlaufenen Blüten, früher als Heil- und Salatpflanze (Blätter) genutzt; ssp. *telephium,* Blüten purpurrot, selten grünlich, ebenfalls frühere Heilpflanze und gelegentlich als Zierpflanze in Gärten; ssp. *fabaria (vulgaris),* Blüten rosarot, beliebte Zierpflanze und an den meisten ihrer „natürlichen" Vorkommen nur aus ehemaligen Gartenkulturen verwildert, selten ursprünglich.

Krauser Ampfer *Rumex crispus*
Knöterichgewächse *Polygonaceae*

Juli – Aug.

30–100 cm

B: Blüten stehen in dichten Quirlen in der oberen Stengelhälfte. Einzelblüten unscheinbar. Blütenhüllblätter ganzrandig, in der Mitte mit einer eiförmigen Schwiele. Blätter zungenförmig und am Rande deutlich wellig. Die untersten Blätter können bis 30 cm lang werden.
SV: Wege, Ödland, Schuttplätze. Gedeiht noch auf verdichteten Ton- bzw. Lehmböden. Stickstoffzeiger; weist bei gehäuftem Vorkommen auf Feuchtigkeit in tieferen Bodenschichten hin. Wurzelt oft tiefer als 2 m. Häufig. Dringt in den Alpen kaum bis 1500 m vor.
A: Der Krause Ampfer ist heute fast weltweit verbreitet. Er war eines der kennzeichnenden Gewächse in den Überflutungszonen von Bächen und Tümpeln, die bis vor wenigen Jahrzehnten in ländlichen Gebieten als Gänse- bzw. Entenweide anzutreffen waren. In natürlichen Überflutungszonen dürften die ursprünglichen Standorte der Art zu suchen sein.

Wilde Möhre *Daucus carota*
Doldengewächse *Apiaceae (Umbelliferae)*

Juli – Okt.

30–60 cm

B: Blüten in zusammengesetzter Dolde, die von gefiederten Hüllblättern umgeben ist. In der Doldenmitte meist eine einzelne schwarzrote „Mohrenblüte". Blätter doppelt bis dreifach fiederteilig.
SV: Halbtrockenrasen, Wiesen, Wegraine, Schuttplätze. Liebt sonnige, nicht zu feuchte, oft wenig bewachsene, lockere Böden. Sehr häufig; da etwas wärmebedürftig, kaum über 1000 m.
A: Die Wilde Möhre gilt als Stammform der Garten-Möhre (Gelbe Rübe, Karotte). Sie enthält dieselben Ätherischen Öle wie diese (Geruch!), sowie in der Wurzel Provitamin A und B-Vitamine. Die „Rübe" der Wildform ist aber auch auf den besten Böden im ersten Jahr nur blaßgelb und allerhöchstens bleistiftdick. Außerdem schmeckt sie ziemlich herb und ist sehr zäh. Im zweiten Jahr, dem Blühjahr, verholzt sie vollends. Über die Bedeutung der Mohrenblüte wurde schon viel spekuliert, doch steht eine befriedigende Antwort noch immer aus.

Spreizende Melde *Atriplex patula*
Gänsefußgewächse *Chenopodiaceae*

Juli – Okt.

30–100 cm

B: Blüten unscheinbar, in grünlichweißen, oft rötlich überlaufenen Scheinähren, die in den Blattachseln oder an den Zweigenden stehen. Weibliche Blüten besonders zur Fruchtzeit mit zwei dreieckigen Vorblättern, die 3–6 mm lang werden. Männliche Blüten zwischen den weiblichen, meist nicht zahlreich. Alle Blätter wechselständig, länglich, rhombisch, am Grund oft spießförmig.

SV: Wege, Ödland, Schuttplätze, Äcker. Stickstoffzeiger. Bevorzugt lockere, humose Lehm- oder Sandböden. Häufig. Dringt in den Alpen nur örtlich über 1200 m vor.

A: Im Gattungsnamen „Melde" steckt die indogermanische Wortwurzel „mel", die wir in „mahlen" und „Mehl" ebenfalls finden. Mit dem Namen soll auf die mehlig bestäubten Blätter hingewiesen werden, die Jungpflanzen mancher Arten – auch der Spreizenden Melde – besitzen. Der mehlig-körnig wirkende Blütenstand blieb für die Benennung unerheblich.

Wegwarte *Cichorium intybus*
Korbblütengewächse *Cichoriaceae (Compositae)*

B: Blüten in großen, lockeren Körbchen. Stengel knikkig aufrecht, sparrig verästelt. Untere Blätter schrotsägeförmig, obere länglich, ungeteilt, stengelumfassend. Nur Zungenblüten.
SV: An Wegen, Bahndämmen, Schuttplätzen, auf häufig betretenen Stellen, seltener in Äckern. Bevorzugt sonnige, eher trockene, stickstoffreiche Böden. Salzverträglich; trittfest; wärmebedürftig. Sehr häufig, doch nur bis gegen 900 m.
A: Die Körbchen der „Wilden Zichorie" sind nur morgens geöffnet. Die mit der Endivie (Wintersalat) verwandte Pflanze wird auch in zwei Kultursorten angebaut: Die Wurzel der Varietät *sativum* wird seit dem 17. Jahrhundert geröstet und als Kaffee-Zichorie verwendet. Bei der Varietät *foliosum* wird der austreibende Sproß dunkel gehalten und als Chicorée auf den Markt gebracht. Allen drei Formen ist der Gehalt an Bitterstoffen gemeinsam. Ihretwegen gilt die Wildform als Heilpflanze.

Juli – Aug.

30–130 cm

Weißer Gänsefuß *Chenopodium album*
Gänsefußgewächse *Chenopodiaceae*

Juli - Sept.

30–100 cm

B: Blüten unscheinbar, in grünlichweißen, knäueligen Teilblütenständen, die in einem reich verzweigten Gesamtblütenstand stehen. Untere Knäuelährchen in den Blattachseln. Blütenknäuel mehlig bestäubt. Stengel kantig. Blätter lanzettlich-rhombisch, auch an erwachsenen Pflanzen meist deutlich mehlig bestäubt.
SV: Gärten, Wege, Ödland, Schuttplätze. Stickstoffzeiger. Sehr häufig. Dringt in den Alpen örtlich bis über 1500 m vor.
A: Ursprünglich kam der Weiße Gänsefuß im gemäßigten Eurasien wohl nur in den Spülsäumen der Flüsse vor. Aber schon mit den ersten Weideviehhaltungen in der Jungsteinzeit scheinen sich dem Weißen Gänsefuß zusagendere Bedingungen geboten zu haben: Reste von ihm findet man massenhaft in der Nähe mancher Siedlungen aus dieser Zeit. Seine Samen könnten mit dem Kot von Weidetieren ausgeschieden worden sein.

Gemeiner Beifuß *Artemisia vulgaris*
Korbblütengewächse *Asteraceae (Compositae)*

Juli – Okt.

90–150 cm

B: Länglich-eiförmige Körbchen (2–6 mm) mit Röhrenblüten in langen, ährigen Trauben an den Stengel- und Astenden. Blätter fiederteilig, oben grün, unterseits weißfilzig; aromatisch duftend.
SV: An Wegen, Bahndämmen, Hecken, Waldrändern und Ufern, auf Schuttplätzen. Stickstoffliebend; bevorzugt eher feuchte Böden. Häufig, bis gegen 800 m; Sonderformen auch in (Salz-)Strandfluren.
A: Enthält Bitterstoffe und Ätherische Öle (Cineol). Wurde früher als verdauungsförderndes Gewürz für fettreiche Speisen (Gänse- und Schweinebraten) empfohlen, ist aber ganz schwach giftig und sollte deshalb nicht in größeren Mengen verzehrt werden. Auch die Verwendung als Wurmmittel ist zumindest bei Kleinkindern problematisch. Nahe verwandt sind weitere Gewürzpflanzen wie Estragon und Wermut (Absinth), sowie die Eberraute und die Edelrauten, die alle in der früheren Medizin und der Volksheilkunde eine bedeutende Rolle spielten.

Acker-Gänsedistel *Sonchus arvensis*
Korbblütengewächse *Cichoriaceae (Compositae)*

Juli – Okt.
50–150 cm

B: Blütenkörbchen stehen in doldenrispigem Blütenstand; sie erreichen bis 5 cm im Durchmesser und sind goldgelb. Stengel im Bereich des Blütenstands und Hüllen der Körbchen dicht mit gelben Drüsenhaaren besetzt. Blätter schrotsägeförmig, die oberen einfacher; alle stachelig gezähnt. Ganze Pflanze führt reichlich Milchsaft.
SV: Äcker, Gärten, Wege, Weinberge, Ödland, Schuttplätze, Ufer. Liebt stickstoffreiche Lehmböden. Dringt in den Alpen nur örtlich über 1500 m vor.
A: Die Acker-Gänsedistel war ursprünglich wohl nur an den Ufern von Binnengewässern und an sandigen Meeresstränden beheimatet. Dafür spricht einerseits ihre Salztoleranz, andererseits ihre Vorliebe für Stickstoffsalze im Boden. Diese Vorliebe hat der Art ihre heutigen Standorte erschlossen. Die Acker-Gänsedistel wird durch Stickstoffsalze im Wachstum gefördert, ist aber extremen „Nitratspezialisten“ im Konkurrenzkampf unterlegen.

Filz-Klette *Arctium tomentosum*
Korbblütengewächse *Asteraceae (Compositae)*

Juli – Aug.
50–150 cm

B: Rote Röhrenblüten in großen, 2–3 cm breiten, kugeligen Körbchen. Diese rispig angeordnet, zahlreich, stark spinnwebig behaart, mit hakigen Hüllblättchen (Klette!). Blätter sehr groß, gestielt, breit eiförmig bis herzförmig.
SV: An Wegen, Ufern, auf Schuttplätzen. Bevorzugt stickstoffreiche, kalkhaltige, feuchte Lehmböden. Zerstreut, doch auffällig; bis gegen 1500 m.
A: Von unseren vier heimischen Klettenarten, die untereinander auch gerne Bastarde bilden, ist die Filz-Klette durch die dichtwollige Behaarung der Körbchen am leichtesten zu erkennen. Die Große Klette (*A. lappa*) hat durchgängig grüne Hüllblättchen; bei der Kleinen Klette (*A. minus*) sind sie an der Spitze rot (Körbchen 1–3 cm breit), desgleichen bei der Hain-Klette (*A. nemorosum*), doch sind deren Körbchen 3–4 cm groß. Alle gedeihen an ähnlichen Standorten und galten als Heil-, Nutz-(Klettenöl), Wildgemüse-(Wurzel) und Zierpflanzen.

Kleinblütige Königskerze *Verbascum thapsus*
Braunwurzgewächse *Scrophulariaceae*

Juli – Sept.
30–150 cm

B: Zahlreiche Blüten stehen in langer, dichter Traube. Blüten trichterig vertieft, 1,5–2,5 cm im Durchmesser; Staubgefäße weißwollig. Stengel aufrecht, meist unverzweigt. Blätter länglich, am Stengel herablaufend. Ganze Pflanze von graugelbem Haarfilz bedeckt.
SV: Wege, Dämme, Raine, Schuttplätze, Waldränder, Heiden. Stickstoffzeiger. Liebt lockere Böden. Häufig. Dringt in den Alpen kaum über 1600 m vor.
A: So einleuchtend der Gattungsname ist – er bezieht sich offensichtlich auf den „kerzengeraden“ Wuchs und die „königliche“ Größe – so unverständlich erscheint der wissenschaftliche Artname. „Thapsus“ war im Altertum der Name einer sizilianischen Halbinsel. Auf ihr wuchs eine Pflanze, die man zum Gelbfärben nutzte. Da hierzu früher die Kleinblütige Königskerze auch benutzt worden sein soll, belegte man sie mit diesem Namen, obwohl sie mit der „Originalpflanze“ von Thapsus nichts zu tun hat.

Acker-Kratzdistel *Cirsium arvense*
Korbblütengewächse *Asteraceae (Compositae)*

Juli – Sept.

60–150 cm

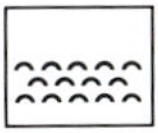

B: Blätter nicht auf der Oberseite, nur am Rand stachelig, zahlreich, nicht oder nur wenig am Stengel herablaufend. Blüten (nur Röhrenblüten) in 1–1,5 cm breiten, rispig angeordneten Körbchen. Fruchtknoten und Frucht mit langen, gefiederten Haaren. Pflanze mit Kriechwurzeln.
SV: Auf Äckern, in Gärten und Weinbergen, auch an Wegrändern, Ufern, Schuttplätzen sowie in lichten Wäldern und Kahlschlägen. Bevorzugt nicht zu trockene, nährstoffreiche, tiefgründige Lehmböden. Meidet Schattenstandorte. Sehr häufig, dringt in den Alpen bis über 1300 m vor; Kulturbegleiter.
A: Lästiges Ackerunkraut, das sich durch seine zahlreichen Flugsamen reichlich vermehrt. Wird in seiner Lebenskraft durch häufiges Ausrupfen eher noch aktiviert, sofern Teile des ausgedehnten (und über 2 m tief reichenden) Wurzelwerkes noch im Boden verbleiben. Kann selbst bei modernen Erntemaschinen Betriebsstörungen verursachen (Stengel sehr zäh!).

Juni – Sept.

30–50 cm

Weg-Malve *Malva neglecta*
Malvengewächse *Malvaceae*

B: Blüten in Büscheln in den Blattachseln (meist nur eine Blüte des Büschels geöffnet), trichterig. Blütenblätter etwa 8–15 mm lang, deutlich länger als die Kelchblätter. Stengel meist niederliegend. Obere Blätter höchstens auf $^{2}/_{3}$ ihrer Länge eingeschnitten.
SV: Wege, Ödland, Schuttplätze, Gärten. Stickstoffzeiger. Bevorzugt etwas verdichtete Lehmböden. Häufig. Dringt in den Alpen kaum über 1000 m vor.
A: Die Weg-Malve gehört zu den Pflanzen, die in den Pflasterfugen am Rande von Dorfplätzen am konkurrenzfähigsten waren. Der Besonnung bzw. der Wärme, die von Steinen und Mauern auf sie geworfen wird, kann sie durch Kühlung infolge reichlicher Verdunstung entgegenwirken. Dank ihrer tiefreichenden Wurzel findet sie guten Zugang zur Bodenfeuchtigkeit. Gelegentlich wird die Weg-Malve noch heute als Heilpflanze genutzt.

Wilde Karde *Dipsacus fullonum*
Kardengewächse *Dipsacaceae*

Juli – Aug.
90–200 cm

B: Blüten in einem großen, stacheligen, eiförmigen Kolben. Stengel stachelig. Blätter sitzend, gegenständig, am Grund paarweise verwachsen, ihre Mittelrippe unterseits stachelig.
SV: Wege, Raine, Böschungen, Hecken und Waldränder. Auch an Ufern und auf Schuttplätzen. Bevorzugt kalkhaltige, stickstoffreiche, etwas feuchte Lehmböden. Häufig, im Norden zerstreut; dringt in den Alpen bis 800 m vor. Selten angepflanzt.
A: In den tütenartigen Becken, die durch die verwachsenen Stengelblätter gebildet werden, sammelt sich das Regenwasser und bildet so eine Sperre gegen am Stengel aufkriechende Schadinsekten. Diese Baueigentümlichkeit gab der Pflanze den wissenschaftlichen Namen (gr. dipsein = dürsten – also: gut für Dürstende). Die „Karde“ ist ein Werkzeug zum Aufrauhen (Krempeln) von Tuch. Die derbstacheligen Fruchtköpfchen einer verwandten Art wurden dazu verwendet.

Floh-Knöterich *Polygonum persicaria*
Knöterichgewächse *Polygonaceae*

Juli – Sept.
10–80 cm

B: Blüten in Ähren angeordnet, unscheinbar, fast geschlossen. Stengel wenig beastet. Blattstiel entspringt unter der Mitte der eng anliegenden Blattscheide; diese trägt am Rand zumindest einige lange Wimpern (ist die Blattscheide ohne lange Wimpern, dann handelt es sich um ein Exemplar des ähnlichen Ampfer-Knöterichs). Blätter zwischen Blattstiel und Blattmitte am breitesten, auf der Oberseite oft mit dunklen Flecken.
SV: Äcker, Schuttplätze, Gräben. Häufig. Dringt in den Alpen nur örtlich über 1200 m vor.
A: Früher soll der Floh-Knöterich zum Vertreiben von Flöhen benutzt worden sein; so wird jedenfalls der Name erklärt. Der Floh-Knöterich enthält brennend scharf schmeckende Ätherische Öle und gilt daher als schwach giftig bzw. als giftverdächtig. Wie indessen diese Inhaltsstoffe Flöhe vertrieben haben könnten, ist unklar. Von einer früheren Verwendung zu Heilzwekken ist man abgekommen.

Echtes Seifenkraut *Saponaria officinalis*
Nelkengewächse *Caryophyllaceae*

Juli – Sept.

30–60 cm

B: Blüten meist in dichten, endständigen Büscheln am Stengel und seinen Ästen. Kelch röhrig, Kronblätter ausgerandet, am Schlund mit 2 Zähnchen. Laubblätter länglich-lanzettlich, gegenständig.
SV: Mauern, Wege, Schuttplätze, Ufer und Auen. Bevorzugt lockere, nährstoffreiche, grundwasserdurchzogene Sand-, Kies- oder Steinböden. Zerstreut, bis gegen 1000 m, im Norden seltener.
A: Die Pflanze, vor allem die Wurzel, enthält reichlich Saponine. Diese geben mit Wasser einen Schaum, der Reinigungswirkung hat. Darauf beziehen sich die Namen (sapo, lat. = Seife). Das ursprünglich im Mittelmeergebiet beheimatete Gewächs ist aber auch eine alte Heil- und Zierpflanze. So gehen manche Fundstellen sicher auf alte Kulturen zurück. Aufgrund ihrer großen Samenproduktion breitet sich die Pflanze aber auch sehr aktiv, vor allem längs der Flußtäler, aus. Sie kann als Stromtalpflanze bezeichnet werden.

Acker-Gauchheil *Anagallis arvensis*
Primelgewächse *Primulaceae*

Juli - Okt.

8-15 cm

B: Blüten 5–7 mm im Durchmesser, einzeln auf langem Stiel in den Achseln von Blättern, meist ziegelrot (selten blau). Stengel niederliegend oder aufsteigend. Blätter gegenständig, vereinzelt zu dreien quirlständig, sitzend, eiförmig.
SV: Gärten, Hackfruchtäcker, Weinberge, Schuttplätze. Lehmzeiger. Braucht gute Nährstoffversorgung. Häufig, aber durch Bekämpfungsmaßnahmen zumindest örtlich seltener werdend. Dringt in den Alpen kaum über 1000 m vor.
A: Der Name „Gauchheil“ (Gauch = Kuckuck = Tor, Narr) hatte im Mittelhochdeutschen die Bedeutung: heilt Geisteskranke. Inhaltsstoffe, denen man eine entsprechende Wirkung zuschreiben könnte, enthält der Gauchheil nicht. Man hat in ihm Saponine gefunden. Diese zerstören rote Blutkörperchen, wenn sie mit ihnen in Berührung kommen. Vergiftungen von Haustieren durch den Gauchheil sind beschrieben worden. Er muß daher als giftverdächtig gelten.

Schmalblättriges Weidenröschen
Epilobium angustifolium
Nachtkerzengewächse *Onagraceae (Oenotheraceae)*

Juli – Aug.

50–180 cm

B: Blüten in langer Traube, schwach zweiseitig-symmetrisch, 2–3 cm breit. Blätter wechselständig, lanzettlich, unterseits blaugrün und mit deutlichen Adern. Pflanze nahezu kahl.
SV: In Wäldern aller Art, vor allem in den Lichtungen und auf den Kahlschlägen. Aber auch an Wegrändern, Ufern und Schuttplätzen. Oft in großen Herden. Liebt lockere, nährstoffreiche, eher leicht feuchte Böden. Häufig; bis 1900 m.
A: Die Blätter dieser Art ähneln denen mancher Weiden. Sie haben der Gattung den deutschen Namen eingebracht. Dennoch hat man die Art zuweilen als „Stauden-Feuerkraut“ *(Chamaenerion angustifolium)* von der Gattung „Weidenröschen“ *(Epilobium)* abgetrennt. Sie soll nicht die Heilkraft ihrer Verwandten besitzen, wurde aber vielseitig genutzt (Wildgemüse, Tee; die Samenwolle zu Dochten). 1790 entdeckte der Botaniker Sprengel an ihr die Fremdbestäubung.

Juli – Aug.

30–100 cm

Nickende Distel *Carduus nutans*
Korbblütengewächse *Asteraceae (Compositae)*

B: Jeweils nur 1 Blütenkorb am Stengel- bzw. am Astende. Körbchen 3–7 cm im Durchmesser, deutlich nickend. Das Körbchen enthält nur Röhrenblüten. Blätter fiederspaltig, langstachelig (einzelne Stacheln mindestens 4 mm, gelegentlich bis 6 mm lang).
SV: Wegränder, Ödland, Schuttplätze, Äcker, alpine Weiden. Stickstoffzeiger. Bevorzugt kalkhaltige, eher lockere Lehm- und Tonböden. Zerstreut. Dringt in den Alpen nur örtlich über 1500 m vor.
A: Der Name „Distel“ ist für alle Korbblütengewächse mit stechend-spitzen Blättern gebräuchlich geworden. Der Botaniker teilt diese Gewächse in mehrere Gattungen auf. Die echten Disteln erkennt man an den unverzweigten Haaren (Lupe!), die am Fruchtknoten stehen und die später als „Pappus“ die Flugverbreitung der Früchtchen ermöglichen, sowie an den meist halbkugeligen Blütenkörbchen. Bei der Nickenden Distel sind diese am größten.

Kanadische Goldrute *Solidago canadensis*
Korbblütengewächse *Asteraceae (Compositae)*

Aug. – Okt.

50–250 cm

B: Ausladende, etwas einseitswendige Rispe aus vielen, um 5 mm langen Blütenkörbchen. Diese enthalten sowohl Röhren- als auch Zungenblüten. Blätter lanzettlich, am Rand öfters gesägt.
SV: Ufer, Auwälder, Schuttplätze, Bahndämme, Gebüsche. Bevorzugt sonnige, warme, aber gut durchfeuchtete, nährstoffreiche Lehmböden. Häufig; bis 900 m; in steter Ausbreitung begriffen.
A: Die oft in Massenbeständen auftretende Pflanze kam erst im 19. Jahrhundert als Zierpflanze aus Nordamerika nach Europa. Sie ist dann verwildert und hat sich vor allem längs der großen Flüsse ausgebreitet (Stromtalpflanze). Wo es ihr gelingt, in Waldlichtungen einzudringen, behindert sie durch ihren dichten Wuchs das Aufkommen der Jungbäume. Die etwas seltenere Riesen-Goldrute *(S. gigantea)* hat dieselbe Einbürgerungsgeschichte und kann sehr leicht verwechselt werden (ihr Stengel ist aber unterwärts vollkommen kahl).

Feb. - Nov.

3–10 cm

Gänseblümchen *Bellis perennis*
Korbblütengewächse *Asteraceae (Compositae)*

B: Blütenkörbchen einzeln auf längeren oder kürzeren Stielen. Innen im Körbchen gelbe Röhrenblüten; außen reinweiße oder rötlich überlaufene Zungenblüten. Alle Blätter in einer grundständigen Rosette, verkehrteiförmig bis spatelig, am Rand meist eingekerbt, in einen kurzen, breiten Stiel verschmälert.
SV: Grasige Orte aller Art: Zierrasen in Gärten und Parkanlagen, Wiesen, Weiden, Raine, Wegränder. Braucht nährstoffreichen, nicht zu trockenen Lehmboden; licht- und wärmeliebend. Sehr häufig. Dringt in den Alpen örtlich bis über 2000 m vor.
A: Das Gänseblümchen ist sehr blühfreudig. Erhält es genügend Licht, blüht es fast das ganze Jahr hindurch. Im Zierrasen schafft regelmäßige Mahd gute Voraussetzungen zum Blühen. Deshalb hält sich hier das Gänseblümchen, ja es eignet sich geradezu als Blütenschmuck, vor allem, wenn man Zuchtformen mit gefüllten Körbchen pflanzt.

Wiesen-Primel *Primula veris*
Primelgewächse *Primulaceae*

März – April
10–25 cm

B: Blüten in hängender, etwas einseitswendiger Dolde auf hohem, blattlosem Schaft. Kronblätter goldgelb, innen mit orangefarbenem Fleck. Rosette aus länglich-eiförmigen, runzeligen Grundblättern.
SV: Raine, Wiesenhänge, Almen, Magerrasen, Gebüsche und lichte Wälder. Bevorzugt kalkhaltige, nährstoffreiche, nicht zu trockene Böden. Zerstreut, im Norden und ab 1500 m selten.
A: Eine der beiden volkstümlichen „Schlüsselblumen". Wird auch Arznei-Primel und Echte oder Duftende Schlüsselblume genannt. Die Namen deuten auf den Wohlgeruch und die Verwendung als Heilpflanze. Primel, von lat. primus = Erster, weist auf den frühen Blühtermin. Die noch etwas früher blühende Große Schlüsselblume (Himmelsschlüssel, Wald-Primel, S. 159) hat etwas längere Doldenschäfte, schwefelgelbe Blüten (ohne Orangeflecken) und einen ausgebreiteten Kelchsaum. Sie zieht auch eher in schattigere Lagen (Wälder) und steigt höher hinauf.

Frühlings-Fingerkraut *Potentilla verna*
Rosengewächse *Rosaceae*

März – Mai

5–15 cm

B: Blütenstand rispig. Blüten 1–2 cm im Durchmesser. Blütenblätter überdecken sich seitlich nicht; ihre Spitze ist leicht ausgerandet. Stengel kriechend bis aufsteigend, schwach behaart. Blätter dunkelgrün, gefingert, mit 5–7 Teilblättchen, deren Rand gezähnt, aber nicht seidenglänzend ist.

SV: Besiedelt ungedüngte, oft steinige Wiesen und Böschungen, geht aber auch in lichte, trockene Wälder. Bevorzugt Böden, die etwas lehm- und oft kalkhaltig sind. Zerstreut. Dringt in den Alpen bis etwa 1000 m vor.

A: Der Gattungsname bezieht sich auf den Blattbau: Viele Fingerkraut-Arten haben „gefingerte“ Blätter. Der Wuchs in lockeren Polstern hängt mit der Fortpflanzung des Frühlings-Fingerkrauts zusammen: Die oberirdischen Stengel schlagen Wurzeln; es bildet sich eine Tochterrosette. Dies wiederholt sich, oft bevorzugt in Richtung der Hangneigung. Die geschlechtliche Fortpflanzung spielt keine große Rolle.

Rotes Leimkraut *Silene dioica*
Nelkengewächse *Caryophyllaceae*

April – Aug.

30–100 cm

B: Lockere Trugdolde. Blüten eingeschlechtig; Kronblätter tief zweispaltig, Kelch bauchig, behaart, zehnnervig. Stengel schlaff, oben verästelt. Laubblätter gegenständig, obere eiförmig, behaart.
SV: Feuchte Waldstellen, Auwälder, Ufer, nasse Wiesen. Bevorzugt nährstoffreiche, gern kalkhaltige Böden. Nässezeiger. Häufig, bis 2400 m aufsteigend.
A: Das Rote Leimkraut wurde früher mit weiteren eng verwandten Arten in eine eigene Gattung Lichtnelke (Nachtnelke; *Melandrium*) gestellt. Da seine Blüten im Gegensatz zu den (weißblumigen) Verwandten tagsüber geöffnet waren (Bestäuber: Tagfalter, Hummeln), erhielt es außer der Bezeichnung Rote Nachtnelke oder Lichtnelke auch den sehr widersprüchlich klingenden Namen Tag-Nachtnelke (oder Tag-Lichtnelke). Eigenartigerweise gibt es einen Bastard (hellrosa) zwischen dem Roten und dem Weißen Leimkraut (*S. alba*, S. 54), der von Nachtfaltern bestäubt wird.

Wiesen-Schaumkraut *Cardamine pratensis*
Kreuzblütengewächse *Brassicaceae (Cruciferae)*

April - Mai

30-60 cm

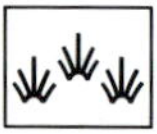

B: Lockere Traube mit 5–20 Blüten. Blüten 6–10 mm im Durchmesser, blau- oder rotviolett, seltener weiß. Fruchtknoten mehr als dreimal so lang wie breit („Schote"). Grundblätter zu einer Rosette angeordnet, unpaarig gefiedert; Endblättchen oft deutlich vergrößert. Stengelblätter fiederschnittig, mit schmalen Blattabschnitten.
SV: Feuchte Stellen in Wiesen und Wäldern. Bevorzugt lehmige Böden mit hohem Grundwasserstand. Sehr häufig. Dringt in den Alpen bis etwa 2500 m vor.
A: Gelegentlich findet man an den Stengeln speichelartige Häufchen: Die Larve der Schaumzirpe *(Philaenus spumarius)* bohrt die Siebröhren im Stengel an. In ihnen wird kohlenhydratreicher, aber eiweißarmer Saft zu den Wurzeln geleitet. Die Larven brauchen vor allem Eiweiß. Überschüssige Kohlenhydrate scheiden sie zusammen mit anderen Abfallstoffen als Schleim aus. Dieser wird durch Atemgase schaumig aufgetrieben.

Erdbeer-Fingerkraut *Potentilla sterilis*
Rosengewächse *Rosaceae*

April – Mai

5–10 cm

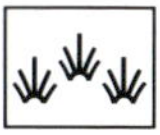

B: Die Pflanze gleicht einer Wald-Erdbeere. Der Blütenstengel ist aber schlaff, niederliegend-aufsteigend, die Kronblättchen sind vorne ausgerandet, und sie berühren sich gegenseitig nicht. Blätter dreiteilig, erdbeerartig, oft bläulichgrün.
SV: Wälder aller Art, Gebüsch, (schattige) Raine, Hohlwege, Böschungen. Bevorzugt saure, humusreiche, nährstoffhaltige Böden im Halbschatten. Kalkscheu. Häufig, bis gegen 1500 m; im Osten seltener.
A: Das Erdbeer-Fingerkraut besitzt die für Rosengewächse typische Blüte mit den vielen einzelnen Fruchtknoten. Nach der Bestäubung fallen die Kronblättchen ab, und die Kelchblätter schließen sich bis zur Fruchtreife über den entstehenden Nüßchen. Im Gegensatz zu den Erdbeeren schwillt der Blütenboden hier nicht zu einer saftigen (Schein- und Sammel-)Frucht an. Früher hielt man die Pflanze für eine unfruchtbare (= sterile) Erdbeere. Davon hat sie ihren Artnamen.

Behaartes Veilchen *Viola hirta*
Veilchengewächse *Violaceae*

April – Mai

5–15 cm

B: Blütenstiele entspringen einzeln oder zu mehreren den Achseln der Grundblätter. Gesporntes Blütenblatt um 17 mm lang. Stengel blattlos. Alle Blätter grundständig, meist dreieckig, zumindest schwach behaart. Nebenblätter (Rosette auseinanderdrücken) breit lanzettlich, kahl, nur mit wenigen Fransen.
SV: Braucht kalkhaltigen, eher stickstoffarmen Boden. Trockene Wiesen; lichte Wälder. Häufig. Dringt in den Alpen nur örtlich über 1500 m vor.
A: An manchen Standorten wächst das Rauhe Veilchen „truppweise“. Die Ursache hierfür liegt in seiner Verbreitungsweise. Ameisen verschiedener Arten verschleppen vielfach Samen. Die Samen haben ein ölreiches Anhängsel (Elaiosom), das Ameisen anlockt und ihnen als Futter dient. Von den in Ameisennestern verschleppten Samen keimen immer einige aus. Die heranwachsenden Pflänzchen stehen dicht beisammen.

Acker-Hornkraut *Cerastium arvense*
Nelkengewächse *Caryophyllaceae*

April – Juni

10–30 cm

B: Blüten in dürftiger Trugdolde. Kronblätter tief zweispaltig, viel länger als der Kelch. Blätter gegenständig, länglich-lanzettlich. Ganze Pflanze von kurzen Haaren grau(grün). Oft dichte Rasen.
SV: An Wegrainen, in Halbtrockenrasen, an Mauern, auch in Dünen und in alpinen Steinrasen, seltener in Äckern. Liebt lockere, eher nährstoffarme Kalkböden. Zerstreut; bis gegen 1800 m.
A: Das Hornkraut (gr. keras = Horn) hat seinen Namen von der reifen Fruchtkapsel, die, wie ein Horn gebogen, aus dem Kelch herausragt. Das formenreiche Acker-Hornkraut hat in dem Filzigen Hornkraut *(C. tomentosum)* einen sehr ähnlichen Doppelgänger. Diese süditalienische Gebirgspflanze wird bei uns gern in Steingärten gezogen und verwildert daraus öfters. Sie unterscheidet sich vor allem durch die dichte weiß- (nicht nur grau-!)filzige Behaarung. Man findet sie an Schuttstellen, Mauern und (halbwild) an Dorfstraßen.

Gamander-Ehrenpreis *Veronica chamaedrys*
Braunwurzgewächse *Scrophulariaceae*

April – Juni

15–30 cm

B: 10–30 Blüten stehen in meist 2 lockeren Trauben in den Achseln der oberen Blätter. Blüten 10–12 mm im Durchmesser, himmelblau, dunkler geadert. Stengel aufrecht oder aufsteigend, mit meist zwei deutlichen Haarreihen. Blätter gegenständig, kurz gestielt oder sitzend, etwa doppelt so lang wie breit, im Umriß eiförmig, gekerbt.

SV: Wiesen, Wälder, Gebüsche. Sehr häufig. Dringt in den Alpen örtlich bis über 2000 m vor.

A: Der Gamander-Ehrenpreis ist unter manchen Volksnamen bekannt. „Gänseäugelchen“ (Sachsen), „Katzeäugle“ (alemannischer Sprachraum) und „cats-eye“ beziehen sich deutlich auf die leuchtend blaue und durch ihre Aderung besonders lebhafte Blüte. „Männertreu“ spielt ironisch auf die leicht abfallende Blüte an. Die Blüten öffnen sich üblicherweise an hellen Tagen morgens zwischen 7 und 9 Uhr; sie schließen sich am Spätnachmittag wieder, sofern die Blütenblätter nicht schon abgefallen sind.

Kuckucks-Lichtnelke *Lychnis flos-cuculi*
Nelkengewächse *Caryophyllaceae*

April – Juli

30–70 cm

B: Lockere Trugdolde am Ende des meist unverzweigten Stengels. Blüten kurz gestielt; Kronblätter tief vierspaltig. Stengelblätter gegenständig, lanzettlich; Grundblätter spatelig, kurzgestielt.
SV: In feuchten Wiesen, seltener an sehr lichten, nassen Waldstellen. Zeigt hohen Grundwasserstand an. Liebt nährstoffreiche, eher leicht saure, tiefgründige Böden. Häufig; bis über 1300 m.
A: Die Pflanze wird in doppelter Beziehung mit dem Kuckuck in Verbindung gebracht. Zum einen blüht sie um die Zeit, in der dieser Vogel bei uns wieder erscheint (flos cuculi = Kuckucksblume), zum andern wird sie gern von den Larven der Schaumzikade befallen, die sich hinter speichelartigen Schaumklümpchen (aus Pflanzensaft und Luft) verbergen. Im Volksmund werden diese Gebilde als Kuckucksspeichel bezeichnet. Auf Wiesen kennzeichnet sie die nassen Stellen durch dichten Bewuchs, doch ist sie als Futterpflanze geringwertig.

Wiesen-Kerbel *Anthriscus sylvestris*
Doldengewächse *Apiaceae (Umbelliferae)*

April – Aug.

70–130 cm

B: Zusammengesetzte Dolde mit 8–16 Strahlen. Hülle fehlt; Hüllchenblätter bewimpert. Blütenblätter an der Spitze abgerundet oder seicht ausgerandet. Stengel aufrecht, verzweigt, gefurcht, hohl. Blätter doppelt bis dreifach fiederteilig.

SV: Wiesen, Baumwiesen, Gebüsche, Raine, lichte Buchenwälder der Mittelgebirge und der Alpen. Bevorzugt nährstoffreiche, lockere und etwas feuchte Böden. Sehr häufig. Dringt in den Alpen bis über 2000 m vor.

A: Ende Mai sind viele Wiesen wie von weißen Wolken dicht von Kerbeldolden überzogen. Dies mag das Auge erfreuen. Dem Landwirt zeigt der „Kerbelaspekt", daß er seine Wiese mit Jauche überdüngt hat. Durch diese Düngung wird der Kerbel stärker gefördert als die Gräser; er überwächst sie. Beim Trocknen des Heues liefert Kerbel kein gutes Futter. Die Blätter zerbröseln; die Stengel sind grobfaserig und holzig. Kerbelheu ist eiweißarm.

Bach-Nelkenwurz *Geum rivale*
Rosengewächse *Rosaceae*

April – Juni

20–50 cm

B: Nickende, glockenartige Blüten am aufrechten Stengel. Die rötlichgelben Kronblätter ragen nur wenig aus dem rotbraunen Kelch hervor. Laubblätter gefiedert, mit sehr großem Endlappen.
SV: Nasse Wiesen aller Art, Ufer, lichte Auwälder. Bevorzugt schwere, nährstoffreiche und grundwasserdurchzogene Böden in eher feucht-kühler Klimalage. Häufig, vor allem im Bergland, im Gebirge bis 2000 m; in Wärmegebieten seltener.
A: Der Wurzelstock riecht leicht nach Gewürznelken. Er enthält das früher sehr begehrte Nelkenöl, dessen Hauptduftkomponente das schwach giftige Eugenol ist. Als Heilpflanze stand die Bach-Nelkenwurz dennoch weit hinter der Echten Nelkenwurz (S. 184) zurück, die wohl durch die Blätter, nicht aber mit den aufrechten, offenen Blüten ihre enge Verwandtschaft verrät. Solche Blütenbildungen kommen jedoch auch bei der obigen Art als „Monstrosität" nicht allzu selten vor.

Mai - Okt.

30–60 cm

Wucherblume *Leucanthemum vulgare*
Korbblütengewächse *Asteraceae (Compositae)*

B: Am Stengelende und an den Astenden jeweils nur 1 Blütenkörbchen. In ihm stehen außen lange, schmale, weiße Zungenblüten; innen gelbe Röhrenblüten. Duft unangenehm. Stengel aufrecht, wenig verzweigt. Untere Blätter gestielt, grob gezähnt; obere sitzend, gesägt.
SV: Wiesen, Zierrasen, Wege, Ödland, alpine Steinrasen, Trockenwälder, Gebüsche. Sehr häufig. Dringt in den Alpen über 2200 m vor.
A: Die Wucherblume (Margerite) faßt vor allem in frisch angelegten Wiesen Fuß. Hier kann sie so reichlich wachsen, daß mehr als 10 % des Heuertrags auf sie entfallen. Dies bringt dem Landwirt wenig Nutzen, weil getrocknete Wucherblumenreste minderwertiges Futter liefern. Durch ausgewogene Düngung hat man deswegen die Wucherblume vielerorts zurückgedrängt. Zum Bedauern mancher Blumenfreunde ist sie heute in vielen Wiesen nicht mehr auffällig zahlreich.

Spitz-Wegerich *Plantago lanceolata*
Wegerichgewächse *Plantaginaceae*

Mai – Okt.

5–60 cm

B: Blüten farblos, durchscheinend, in eiförmig-länglicher Ähre auf langem, blattlosen Schaft. Staubgefäße weit hervorragend. Blätter in grundständiger Rosette, länglich-lanzettlich.
SV: In Wiesen, auf Weiden, Äckern, Wegen und Schuttplätzen. Bevorzugt nährstoffreiche, durchfeuchtete Lehmböden. Sonderformen in Trockenrasen oder in zumindest zeitweilig nassen Wiesen. Sehr häufig, dringt in den Alpen bis fast 2000 m vor.
A: Alte Heilpflanze. Noch heute bei Husten und Bronchialerkrankungen als Tee oder Bestandteil schleimlösender Bonbons angewandt. Die Blätter wurden früher als kühlende Auflage für Schwellungen und Wunden empfohlen. Die Blätter enthalten Schleimstoffe, die Samen etwas giftiges Aucubin. Die Pflanze gilt als gutes Futterkraut; die recht herb schmeckenden Blätter werden immer wieder als Rohkost und für Wildsalate propagiert. Die leicht zu gewinnenden Samen ergeben gutes Vogelfutter.

Kriechender Günsel *Ajuga reptans*
Lippenblütengewächse *Lamiaceae (Labiatae)*

Mai - Juni

15-30 cm

B: 6–12 Blüten stehen quirlig in den Achseln der oberen Blätter und ährenähnlich am Stengelende. Blüten ohne Oberlippe und mit dreilappiger Unterlippe. Hochblätter ungeteilt. Grundblätter in einer Rosette, spatelförmig, schwach gekerbt. Oberirdische Ausläufer vorhanden.
SV: Wiesen, Zierrasen, Wälder. Bevorzugt lehmigen, nährstoffreichen und feuchten Boden. Sehr häufig. Dringt in den Alpen nur örtlich über 1500 m vor.
A: An größeren Standorten des Kriechenden Günsels findet man nicht selten Exemplare, die in der Blütenfärbung von der Normalform abweichen: Sie blühen rosa oder weiß. Blaue Blüten haben als Farbstoffe Anthocyane. Diese sind kompliziert gebaut. Werden sie an bestimmten Stellen nicht vollständig synthetisiert, bedeutet dies unter Umständen statt Blaufärbung eine rötliche Tönung. So könnte es beim rosablütigen Günsel sein. Bei weißblühenden Günseln fehlt jede Farbstoffbildung.

Hopfen-Luzerne *Medicago lupulina*
Schmetterlingsblütengewächse *Fabaceae (Leguminosae)*

Mai – Okt.

10–40 cm

B: Die Pflanze ähnelt stark kleineren, gelbblühenden Arten der Gattung „Klee" *(Trifolium)*. Die Blütenblätter fallen aber nach der Blüte ab, und es entwickeln sich schneckig aufgerollte Hülsenfrüchtchen.
SV: Auf Halbtrockenrasen und Bahnschotter, in Wiesen und an Wegrainen. Liebt nährstoffreiche, vor allem stickstoffhaltige Böden, die auch trocken sein können und warm sein müssen; schwacher Kalk- und Lehmzeiger. Sehr häufig, bis gegen 1500 m.
A: Die Pflanze wird auch Hopfenklee oder Hopfen-Schneckenklee genannt. „Hopfen" bezieht sich auf die dichten, kugelig-eiförmigen, bis zu fünfzigblütigen Köpfchen, „Schnecke" auf die eingerollten Hülsen. Luzerne ist der seit dem 18. Jahrhundert gebräuchliche Name für die großen *Medicago*-Arten, die als Futterpflanzen kultiviert werden. Sein Ursprung ist dunkel (häufige Ableitung: lucens, lat.: luisant, franz. = glänzend: die Samen meinend).

Mai – Aug.

30–60 cm

Zaun-Wicke *Vicia sepium*
Schmetterlingsblütengewächse *Fabaceae (Leguminosae)*

B: Blüten in kurzstieligen Trauben zu 2–6 in den Achseln der oberen Blätter. Staubblätter röhrig verwachsen. Röhre mit schiefem Rand. Stengel klimmt mit Hilfe von Blattranken. Blätter gefiedert; 8–16 Teilblättchen; anstelle des letzten Teilblättchenpaares und (oder nur) des unpaarigen Endblättchens Blattranke.
SV: Wiesen, Raine, Gebüsche, Waldränder und lichte Waldstellen. Bevorzugt nährstoffreiche, nicht zu trokkene oder zu nasse Böden. Häufig. Dringt in den Alpen bis etwa 2000 m vor.
A: Auf der Zaun-Wicke findet man fast regelmäßig Ameisen. Diese holen sich Nektar, und zwar nicht in der Blüte, sondern aus dunkelbraunen Flecken auf der Unterseite der Nebenblätter. Ob die Zaun-Wicke durch den Ameisenbesuch einen Vorteil hat, ist zweifelhaft. Für die Blütenbestäubung jedenfalls spielen Ameisen keine Rolle. Die Blüten werden von Hummeln bestäubt.

Knolliger Hahnenfuß *Ranunculus bulbosus*
Hahnenfußgewächse *Ranunculaceae*

Mai – Juli

15–30 cm

B: Stengel am Grund mit einer Knolle. Untere Blätter dreizählig oder doppelt dreizählig, langgestielt. Blütenstiele gefurcht, Blütenknospen behaart. Kelchblätter der offenen Blüten zurückgeschlagen und dem Blütenstiel angepreßt.
SV: Halbtrockenrasen, trockene Wiesen, Wegraine. Gern auf warmen, kalkhaltigen, nährstoffreichen Lehmböden. Häufig, doch selten höher als 900 m.
A: Die Pflanze ist durch die Giftstoffe Anemonin und Protoanemonin giftig, wird in frischem Zustand auch vom Vieh nicht angenommen und kann so zu einem lästigen Weideunkraut werden. In der unmittelbar unter dem Erdboden sitzenden Knolle, ein spezifisches und sicheres Kennzeichen für diese Art, werden Reservestoffe für das Austreiben im kommenden Jahr gespeichert. Aus den Samen entwickeln sich im ersten Jahr nur Pflänzchen mit Grundblättern und Knolle, doch ohne Blütenstengel. Diese folgen erst in den nächsten Jahren.

Scharfer Hahnenfuß *Ranunculus acris*
Hahnenfußgewächse *Ranunculaceae*

Mai – Juli
30–100 cm

B: Blüten in lockerer Rispe, goldgelb, 2–2,5 cm im Durchmesser; Kelch ausgebreitet. Blütenstiele ohne Furchen. Stengel aufrecht, verzweigt. Untere Blätter gestielt, handförmig geteilt, Lappen stark eingeschnitten. Obere Stengelblätter sitzend, weniger geteilt, schmalzipflig.
SV: Wiesen, Weiden, Wegränder. Bevorzugt feuchte, stickstoffreiche Lehmböden. Sehr häufig. Dringt in den Alpen bis etwa 2500 m vor.
A: Der Scharfe Hahnenfuß enthält das auf der Zunge brennend scharfe Gift Anemonin. Dieser Eigenschaft verdankt er seinen Namen. Sie nützt ihm auch im Konkurrenzkampf. Vom Vieh wird er nicht abgeweidet; die Kühe „fressen um ihn herum“. Dies erhält nicht nur bestehende Exemplare, sondern schafft Platz für Jungpflanzen. Auf mehrjährig als Weide genutzten Grünflächen nehmen die „Weideinseln“ des Scharfen Hahnenfußes deutlich zu. Mahd über mehrere Jahre drängt die Weideinseln zurück.

Esparsette *Onobrychis viciifolia*
Schmetterlingsblütengewächse *Fabaceae (Leguminosae)*

Mai – Juli

30–60 cm

B: Stengel aufrecht bis aufsteigend, verzweigt. Blüten in dichten, zur Fruchtzeit sich verlängernden Trauben, rosarot, fein gestreift. Blätter reich gefiedert, Teilblättchen lineal-länglich.
SV: Halbtrockenrasen, Wegraine, Wiesen. Braucht warme, nicht allzu trockene, nährstoffarme, doch kalkreiche Böden. Zerstreut, in den Kalkgebieten häufig, in Norddeutschland seltener. Die typische Art kaum über 700 m ansteigend.
A: Die eigentliche Saat- oder Futter-Esparsette wurde erst seit dem 16. Jahrhundert bei uns kultiviert. Sie ist eine gute Futterpflanze, eignet sich auch besonders als Trockenfutter, erträgt dagegen direkte Beweidung nicht. Da sie mit Hilfe ihrer Wurzelbakterien Luftstickstoff bindet und bis zu 4 m Tiefe wurzelt, gilt sie auch als guter Bodenfestiger und -verbesserer. Durch moderne Methoden geht ihr Anbau zurück, sie hat sich aber bei uns dauerhaft eingebürgert.

Mai - Juli

20-60 cm

Wiesen-Salbei *Salvia pratensis*
Lippenblütengewächse *Lamiaceae (Labiatae)*

B: 4–8 Blüten stehen in quirlartigen Teilblütenständen im oberen Stengeldrittel in einer allseitswendigen Ähre. Die Blüten sind meist blauviolett, selten hellblau, rosa oder weiß; sie werden 2–2,5 cm lang; Oberlippe hoch aufgewölbt. Blütenstand verzweigt. Stengel behaart. Wenige Stengelblätter. Grundblattrosette. Blätter runzelig, grob gezähnt-gekerbt.

SV: Trockene Wiesen, Wegränder, Raine. Bevorzugt kalkhaltigen, nährstoffreichen Boden. Häufig. Dringt in den Alpen örtlich bis über 1200 m vor.

A: Der Wiesen-Salbei verfügt über eine sinnvolle Einrichtung, die ihm die Fremdbestäubung sichert. Die Staubblätter sind zu einem Hebelmechanismus umgebildet. Wird ihr kurzer Arm am Blütengrund vom Rüssel einer nektarsuchenden Hummel berührt, senken sich die Staubbeutel herab und bepudern die Hummel mit Pollen. Einen ähnlichen Mechanismus besitzen die Griffel, die erst Tage später reifen.

Weiß-Klee *Trifolium repens*
Schmetterlingsblütengewächse *Fabaceae (Leguminosae)*

Mai – Sept.

20–50 cm

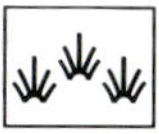

B: Blüten in gestielten, eiförmigen Köpfchen, rein weiß (im Verblühen bräunend), deutlich gestielt. Stengel niederliegend, kriechend wurzelnd. Blätter dreiteilig, unterseits kahl.
SV: Wiesen, Weiden, Rasenflächen, Wege, gelegentlich auf Äckern und in Gartenbeeten. Bevorzugt gut durchfeuchtete, nährstoffreiche, schwere Böden. Unempfindlich gegen Tritt. Stickstoffzeiger. Sehr häufig, in den Alpen bis über 2200 m.
A: Der Weiß-Klee, auch Kriechender Klee oder, seiner Farbe wegen, Lämmer-Klee genannt, ist eine ideale Weidepflanze. Er bietet gutes Futter (grünt auch im Winter), wächst sehr rasch nach und besiedelt gerne den durch Tritt verdichteten Boden. Seine ausläuferartigen Stengel werden beim Niedertreten dem Boden angepreßt und beginnen sogleich, Wurzeln zu schlagen. Im „gepflegten“ Rasen wird er weniger geschätzt, da er, großflächig auswuchernd, die Gräser unterdrückt.

Wiesen-Labkraut *Galium mollugo*
Rötegewächse *Rubiaceae*

Mai – Aug.

30–100 cm

B: Blüten unscheinbar und klein, in reichblütiger, am Ende oft knäuelartig dichter Rispe. Blütenblätter vorn abgerundet, mit aufgesetzter Grannenspitze. Stengel aufsteigend oder aufrecht, vierkantig, glatt, meist stark verästelt. Blätter schmal, spitz, meist zu 8 quirlständig.
SV: Wiesen, Wegränder, Gebüsch. Bevorzugt nährstoffreiche Lehmböden. Häufig. Dringt in den Alpen örtlich bis über 1800 m vor.
A: Das Wiesen-Labkraut kommt bei uns in verschiedenen Rassen und an verschiedenen Standorten vor. Am häufigsten ist es in trockenen Fettwiesen und an Wegrainen, wo es gelegentlich durch seine weißen „Blütenwolken" schon von weitem auffällt. Sein Futterwert ist gering. Auch als Bienenweide spielt es keine Rolle; denn seine Blüten werden meist durch Fliegen bestäubt. Im Gegensatz zum Echten Labkraut enthält das Wiesen-Labkraut kein Labenzym. Früher wurde es als Heilpflanze verwendet.

Gemeines Kreuzblümchen *Polygala vulgaris*
Kreuzblümchengewächse *Polygalaceae*

Mai – Aug.
15–25 cm

B: Blüten in anfangs dichter, später langgestreckter, lockerer Traube, meist blau, selten rot; jede kurzgestielt in der Achsel eines Tragblättchens, das so klein ist, daß es selbst die Knospe nicht überragt. Laubblätter wechselständig, die oberen schmallanzettlich, die unteren elliptisch.
SV: Wiesen, Heiden, grasige Wegränder. Bevorzugt eher trockene, nährstoffarme, aber humusreiche und gern sandige Böden. Kalkscheu. Zerstreut; bis gegen 1900 m ansteigend; in Kalkgebieten seltener.
A: Alle Kreuzblümchen sind durch die charakteristischen Blüten mit den beiden seitlichen, kronblattartigen Kelchblättern unverwechselbar, doch lassen sich die Arten der Gattung untereinander oft nicht leicht unterscheiden. Dabei ist auf die Länge der Blütentragblättchen zu achten und auf die unteren Stengelblätter, die bei unserer Art weder in einer Rosette stehen noch größer oder sehr viel kleiner sind als die mittleren und oberen.

Wiesen-Pippau *Crepis biennis*
Korbblütengewächse *Cichoriaceae (Compositae)*

Mai - Sept.
60-120 cm

B: Blütenkörbchen doldenrispig angeordnet, 3–4 cm breit. Nur Zungenblüten. Äußere Hüllblätter der Körbchen abstehend. Fruchtknoten und Frucht mit Haarkranz. Stengel aufrecht, gerillt, in der oberen Hälfte verzweigt. Blätter fiederlappig bis fiederteilig, oberste ungeteilt. Pflanze führt Milchsaft.
SV: Wiesen, Wegraine, sehr selten auch auf Äckern. Bevorzugt nährstoffreiche Lehmböden. Im Süden von Mitteleuropa sehr häufig, im Norden zerstreut. Dringt in den Alpen nur örtlich über 1200 m vor.
A: Der Wiesen-Pippau ist eine typische Art der ertragreichen Glatthaferwiesen im südlichen Mitteleuropa. Diese sind in der Kultur verhältnismäßig spät entstanden, weil man früher nicht so viel und so ausgewogen Dünger ausbrachte, daß wenigstens zwei Mahden auf ihnen möglich wurden. Ohne Mahd und ohne Düngung gäbe es in Mitteleuropa keine Wiesen. Wald herrschte vor.

Sauer-Ampfer *Rumex acetosa*
Knöterichgewächse *Polygonaceae*

Mai – Juni

30–80 cm

B: Hohe, schlanke Blütenrispen, meist braunrötlich, seltener grün. Blätter derb, pfeilförmig, die unteren gestielt, die oberen sitzend, von säuerlichem Geschmack (Vorsicht!, s. u.).
SV: Wiesen, Weiden, Ufer, grasige Wegränder. Liebt nährstoffreiche, nicht zu trockene, meist lehmige Böden. Sehr häufig; in den Alpen bis 1700 m.
A: Enthält in seinen Blättern viel Vitamin C und wird gerne als Wildgemüse sowie zu Suppen gekocht oder auch roh (Salat) verzehrt. Es ist aber heute doppelte Vorsicht geboten: Einmal können, je nach Fundort, Spritz- oder Düngemittel die Blätter oberflächlich vergiftet haben, so daß gründliches Waschen erforderlich ist; zum andern ist der sauer schmeckende Stoff (Oxalsäure und ihre Salze) gesundheitsschädlich, wenn größere Mengen genossen werden. Auch beim Vieh wurden schon Vergiftungen beschrieben, hervorgerufen durch die auf Weiden oft massenhaft wachsende Pflanze.

Kleiner Wiesenknopf *Sanguisorba minor*
Rosengewächse *Rosaceae*

Mai - Juni

20–70 cm

B: Blüten in kugeligen oder kurzwalzlichen Köpfchen. Köpfchen 1–1,5 cm im Durchmesser. Blüten ohne Blütenblätter. Kelchblätter grün oder braun-rötlich angelaufen. Stengel aufrecht, seltener verbogen aufsteigend. Blätter gefiedert, mit 5–17 rundlichen, gezähnten Teilblättchen, 10–20 cm lang.
SV: Trockenrasen, Raine, Wegränder. Braucht kalkhaltigen Boden und Wärme. Zerstreut. Dringt in den Alpen nur örtlich über 1200 m vor.
A: So unscheinbar der Kleine Wiesenknopf ist, für den Botaniker ist er bemerkenswert. Fast alle seine Verwandten werden von Insekten bestäubt; er aber ist windblütig. Wissenschaftler nehmen an, daß die ersten Samenpflanzen die Bestäubung durch Insekten noch nicht „erfunden“ hatten; sie waren wohl Windblütler. Pflanzen wie der Wiesenknopf haben diese Bestäubungsart indessen nicht beibehalten, sondern erneut erfunden. Sie sind sekundär zu Windblütlern geworden.

Gemeiner Hornklee *Lotus corniculatus*
Schmetterlingsblütengewächse *Fabaceae (Leguminosae)*

Mai – Sept.

5–40 cm

B: Langgestielte, doldige Köpfchen aus je 3–8, oft etwas rötlich überlaufenen Blüten. Blätter 5teilig, wechselständig. Stengel engröhrig, aufsteigend bis aufrecht.
SV: Halbtrockenrasen, lichtes Gebüsch, Wiesen und Weiden. Häufig. Dringt in den Alpen bis gegen 2400 m vor. Mehrere Standortrassen: die häufigste liebt kalkhaltige, nährstoffreiche, mäßig trockene, lockere Lehmböden; eine Salzrasse auf Strandwiesen sowie salzhaltigen Tonböden im Binnenland; die sehr stark behaarte Mittelmeerrasse selten auf sonnenwarmen Trockenböden Süddeutschlands; eine Gebirgsrasse auf alpinen Steinböden und Almen (Blüten groß, unten braunrot, zu 1–3).
A: Der Gemeine Hornklee ist eine gute Futterpflanze. Er wird deshalb gelegentlich auch angebaut. Er ist wegen seiner tiefreichenden Wurzeln auch als Bodenfestiger geschätzt und wird gerne an nackten Straßenböschungen zur Neubegrünung ausgesät.

Mai – Sept.

10–30 cm

Wundklee *Anthyllis vulneraria*
Schmetterlingsblütengewächse *Fabaceae (Leguminosae)*

B: Blüten in Köpfchen, unter denen fingerförmig geteilte Hochblätter stehen. Stengel aufsteigend oder aufrecht. Grundblätter oft ungeteilt oder mit nur unscheinbaren Seitenfiederchen. Stengelblätter unpaarig gefiedert. Fiedern länglich. Endfiederchen meist deutlich größer als die Seitenfiederchen.
SV: Trockenrasen, Raine, lichte Trockenwälder. Gelegentlich als Erstbesiedler an Straßenböschungen angesät. Bevorzugt kalkhaltige Böden. Häufig. Dringt in den Alpen nur örtlich über 2500 m vor.
A: Von allen ähnlichen Schmetterlingsblütengewächsen ist der Wundklee am leichtesten kenntlich, und zwar an dem auffällig großen Endblättchen seiner unpaarig gefiederten Blätter. In Größe, Zahl und Farbe der Blüten variiert er beträchtlich. Früher wurde er als Wundheilmittel verwendet. Er enthält – neben Saponinen – etwas Gerbstoff, doch rechtfertigen diese Stoffe solche Verwendung nicht.

Wiesen-Glockenblume *Campanula patula*
Glockenblumengewächse *Campanulaceae*

Mai – Sept.

15–70 cm

B: Wenigblütige, lockere Rispen. Blüten aufrecht bis schwach nickend, die Kronglocke blauviolett, 1,2–2,5 cm lang, bis zur Mitte in 5 ausgebreitete Zipfel gespalten. Stengelblätter länglich, Grundblätter länglich-eiförmig, am Rand gekerbt.

SV: Wiesen, Wegraine, Waldlichtungen. Braucht feuchten, nährstoffreichen, sandigen oder lehmigen Boden, der nicht kalkhaltig sein muß. Häufig; da etwas wärmebedürftig im Norden seltener, in den Alpen nur wenig über 1000 m vordringend.

A: Die Wiesen-Glockenblume ist eine ausgesprochene Lichtpflanze, die bei stärkerer Beschattung schnell kümmert. Ihre Blüten recken sich der Sonne entgegen und folgen ihrem Tageslauf. Sie werden vor allem von Bienen bestäubt, die sehr leicht in die weit geöffnete Kronröhre (patula, lat. = offen) gelangen. In der Dämmerung, vor allem aber bei Regenwetter, sind die Kronzipfel weniger gespreizt, und die Blüten nicken (Schutz der Bestäubungsorgane).

Behaartes Habichtskraut *Hieracium pilosella*
Korbblütengewächse *Cichoriaceae (Compositae)*

Mai - Okt.

8–30 cm

B: Blütenkörbchen einzeln auf blattlosem Stiel, 2–3 cm im Durchmesser. Nur Zungenblüten. Fruchtknoten und Frucht mit Haarkranz. Blätter grundständig, unten filzig behaart, oben mit langen Borsten. Pflanze führt Milchsaft. Oberirdische Ausläufer vorhanden.

SV: Trockenrasen, Raine, Heiden, lichte Wälder. Meidet zu feuchte und stickstoffreiche Standorte. Zerstreut. Dringt in den Alpen bis etwa 3000 m vor.

A: Habichtskräuter sind schwer zu bestimmen. Das hängt mit ihrer ungeschlechtlichen Fortpflanzung zusammen. Treten bei einem Individuum Erbänderungen auf, dann haben sie fortan alle Nachkommen dieser Pflanze. Infolgedessen gibt es ähnliche Sippen bei gleichem Grundtyp. Viele von ihnen haben sich an bestimmte Standorte angepaßt, sind also durchaus eigenständig. Eine so weitgehende, wenn auch wissenschaftlich gerechtfertigte Feingliederung muß in diesem Buch unberücksichtigt bleiben.

Kleine Braunelle *Prunella vulgaris*
Lippenblütengewächse *Lamiaceae (Labiatae)*

Mai – Okt.

10–20 cm

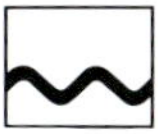

B: Blüten mit helmförmig gewölbter Oberlippe in kopfig gehäuftem Blütenstand am Stengelende, unmittelbar über den obersten Laubblättern. Stengel vierkantig, kriechend bis aufsteigend. Blätter gekreuzt gegenständig, länglich-eiförmig.
SV: Halbtrockenrasen, Wiesen, Rasen, Wegränder, Waldlichtungen. Liebt zumindest zeitweilig gut durchfeuchtete, nährstoffreiche Lehmböden, die auch etwas verdichtet sein können. Häufig. Dringt in den Alpen bis über 2200 m vor.
A: Die ursprünglich in Europa heimische Pflanze ist heute weltweit verbreitet. Dazu mögen ihre klebrigen Früchtchen beigetragen haben, die bei Trockenheit geschützt im Blütenkelch ruhen, bei feuchtem Wetter aber daraus hervorquellen und nun leicht von vorbeistreifenden Tieren mitgeschleppt werden. Die Braunelle ist eine alte Heilpflanze, die Gerb- und Bitterstoffe sowie Ätherische Öle enthält. Sie wurde vor allem bei Halsentzündungen angewandt.

Mai - Okt.

15-40 cm

Sumpf-Vergißmeinnicht *Myosotis palustris*
Borretschgewächse *Boraginaceae*

B: Blüten in Trauben, 4–10 mm im Durchmesser, mit 5 ausgebreiteten rundlichen, blauen Zipfeln und gelben Schlundschuppen. Knospen rosa. Kelch mit anliegenden, geraden Haaren. Laubblätter länglich-lanzettlich, sitzend, behaart.

SV: Nasse Wiesen, Ufer, Röhricht, nasse Wälder. Nässezeiger. Auf stickstoffhaltigen, grundwasserfeuchten Lehmböden; auch auf Schlammböden. Häufig. Dringt in den Alpen bis gegen 1700 m vor.

A: Sehr formenreiche Art. Sie läßt sich aber in allen ihren Rassen leicht von den anderen, oft recht ähnlichen Arten der Gattung unterscheiden. Diese haben abstehende Kelchhaare, die zudem meist an der Spitze hakig gekrümmt sind (Lupe). Von diesen, teilweise größerblumigen Verwandten stammen auch die Zierrassen. Der in vielen Sprachen ähnlich lautende Name der symbolträchtigen Gattung ist erst gegen 1500 aufgekommen. Bis dahin war „Mausöhrchen" (griech. myos = Maus, otis = Ohren) gebräuchlich.

Mittlerer Wegerich *Plantago media*
Wegerichgewächse *Plantaginaceae*

Mai – Juni

15–30 cm

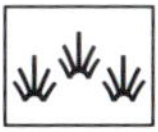

B: Ähre kurz und dicht. Blüten unscheinbar. Staubfäden rötlich- oder blaßblau-violett, lang. Stengel 2- bis 5mal so lang wie die Blütenähre, aufrecht. Blätter in grundständiger Rosette, ganzrandig. Blattfläche mindestens viermal so lang wie der Blattstiel.
SV: Trockenrasen, Wiesen, Wege. Braucht lehmigen Boden. Sehr häufig. Dringt in den Alpen bis etwa 1700 m vor.
A: Der Mittlere Wegerich gehört zu den Pflanzen, die auf vielbegangenen Rasen einen Konkurrenzvorteil besitzen. Durch Betreten entstehen immer wieder Lücken in der Pflanzendecke. Hier vermögen Samen des Mittleren Wegerichs zu keimen. Die Blätter, die auch bei Jungpflanzen dem Boden flach aufliegen, sind von zähen „Adern" durchzogen; sie widerstehen mechanischen Verletzungen in hohem Maße. Die aufliegende Rosette verhindert das Aufkommen anderer Keimlinge und Jungpflanzen.

Gemeiner Frauenmantel *Alchemilla vulgaris*
Rosengewächse *Rosaceae*

Mai – Juni

20–70 cm

B: Blüten in endständiger, oben kahler Rispe, klein; nur Kelchblätter, keine Blütenblätter. Blätter im Umriß rundlich-nierenförmig, 7- bis 11-lappig, gezähnt.
SV: Wiesen, Waldwege. Bevorzugt auf Lehmböden. Häufig. Dringt in den Alpen bis etwa 2000 m vor.
A: Die Art „Gemeiner Frauenmantel“ kann man in mehrere Dutzend Arten aufteilen. Der Frauenmantel bildet seine Samen nämlich ohne Befruchtung. Vielfach gibt es keinen funktionsfähigen Pollen. Wegen des fehlenden Austauschs von Erbanlagen zwischen den Sippen kommt es zu äußerlich unterscheidbaren „Arten“. Auf diese – wissenschaftlich gebotene – Feineinteilung haben wir verzichtet. – Der Name Frauenmantel bezieht sich auf den umhangähnlichen Schnitt der Blätter. Aus den Wasserspalten ihrer Zähne wird in feuchten Nächten Wasser ausgeschieden, das in kleinen Tröpfchen den Blattrand perlengleich säumt.

Pfennigkraut *Lysimachia nummularia*
Primelgewächse *Primulaceae*

Juni – Juli

5–50 cm

B: Stengel kriechend oder liegend-aufsteigend. Blätter gegenständig, rundlich bis elliptisch. Blüten einzeln oder zu zweit in den Blattachseln, groß, 2–3 cm im Durchmesser. Kronblätter zitronengelb, innen oft rötlich punktiert.
SV: Wiesen, Gräben, Ufer, Wegränder, feuchte Äcker und Waldstellen. Bevorzugt feuchte, nährstoffreiche Lehmböden, die verdichtet sein können. Sehr häufig; schwach wärmeliebend, daher kaum über 1300 m.
A: In den Blättern sind Saponine und Gerbstoffe enthalten. Deshalb wurde das Pfennigkraut früher als Heilpflanze genutzt. Mit seinen Kriechstengeln überzieht es rasch große Flächen offenen Bodens. So ist es auch als bodendeckende Zierpflanze im Gartenbau bekannt. Nach den gelben Blüten wird die ganze Gattung auch Gilbweiderich oder Gelbweiderich genannt, und diese Art heißt dann Pfennig-Gilbweiderich. Ihren Artnamen verdankt sie den pfennigrunden Blättern (lat. nummus = Münze).

Großer Wiesenknopf *Sanguisorba officinalis*
Rosengewächse *Rosaceae*

Juni – Aug.

50–150 cm

B: Ährig-kopfige Teilblütenstände stehen in einer lokkeren Rispe. Blütenköpfchen tief purpur- oder braunrot. Blüten unscheinbar. Blätter groß, unpaarig gefiedert. Teilblättchen gestielt, eiförmig, am Rand gekerbt.
SV: Feuchte Wiesen, Gräben, Flachmoore. Besiedelt feuchte, ja nasse Böden, die oft lehmig, zuweilen auch torfig sind. Sehr häufig. Dringt in den Alpen nur örtlich über 1500 m vor.
A: Die unscheinbaren Blüten des Großen Wiesenknopfs werden von Insekten bestäubt. Normalerweise sind sie zwittrig, haben also sowohl Staubgefäße als auch Fruchtknoten. Daneben gibt es eingeschlechtige Blüten. Die Samen sind sehr leicht und werden vom Wind verweht. Früher nutzte man den Großen Wiesenknopf als Heilpflanze. Er enthält – wie viele andere Pflanzen – Gerbstoffe, die zusammenziehend auf Adern und damit in gewissem Maße blutungsstillend wirken.

Wiesen-Bärenklau *Heracleum sphondylium*
Doldengewächse *Apiaceae (Umbelliferae)*

Juni – Okt.

30–150 cm

B: Große zusammengesetzte Dolde mit 15–30 Strahlen. Randblüten ungleichseitig nach außen vergrößert. Stengel kantig gefurcht, steifhaarig. Blätter drei- bis fünfteilig fiederlappig, die unteren bis 50 cm lang. Die Pflanze riecht unangenehm.
SV: Wiesen, Gebüsche, lichte, feuchte Wälder, Unkrautbestände, Ufer. Liebt lockere, feuchte, stickstoffreiche Böden. Sehr häufig; in den Alpen bis gegen 1700 m ansteigend (oft Sonderformen).
A: Die Pflanze ist sehr vielgestaltig und variiert vor allem im Blattschnitt. Sie gilt als schlechtes Großviehfutter, doch werden ihre Blätter von Kaninchen gern angenommen. Auf Weiden kann sie sich nicht halten (nicht trittfest). Massenvorkommen auf Mähwiesen deuten auf Überdüngung hin. Alte Heilpflanze; enthält neben Ätherischen Ölen auch Furocumarine, die auf der Haut Entzündungen hervorrufen können, wenn diese dem Sonnenlicht ausgesetzt ist.

Wiesen-Platterbse *Lathyrus pratensis*
Schmetterlingsblütengewächse *Fabaceae (Leguminosae)*

Juni – Aug.

30–100 cm

B: Blüten stehen in dichten, langgestielten, blattachselständigen Trauben. Sie werden 1–1,5 cm lang. Stengel aufsteigend oder kletternd, vierkantig. Blätter paarig gefiedert; nur 2 lanzettliche Teilblättchen und eine unverzweigte oder verästelte Ranke. Am Grund des Blattstiels 2 Nebenblätter, den Teilblättchen ähnlich.
SV: Wiesen, Flachmoore, Waldränder. Bevorzugt Lehmböden, die reichlich Stickstoffsalze enthalten. Häufig. Dringt in den Alpen nur örtlich über 1500 m vor.

A: Die Wiesen-Platterbse treibt unterirdische Ausläufer, an denen sich ziemlich dicht oberirdische Triebe bilden. Dies ist Ursache für die nestartige Wuchsform, die man oftmals beobachten kann. Solche Nester treten ausgeprägt meist in Waldsäumen auf. In Wiesen sind sie unerwünscht, weil die Wiesen-Platterbse kein Futter liefert, das den Kühen schmeckt; sein Nährwert ist gering.

Wiesen-Storchschnabel *Geranium pratense*
Storchschnabelgewächse *Geraniaceae*

Juni – Sept.

30–60 cm

B: Stengel aufrecht, reich verzweigt, mit vielen Blüten. Diese kurz gestielt und paarweise auf einem längeren gemeinsamen Stiel, 2,5 – 4 cm im Durchmesser. Blätter groß, handförmig siebenspaltig oder -teilig. Ganze Pflanze abstehend behaart.
SV: Wiesen, Raine, grasige Wegränder, Ufer. Liebt schwach feuchte, nährstoffreiche, kalkhaltige und tiefgründige Lehmböden. Häufig, vor allem in tieferen Lagen. Selten bis gegen 900 m ansteigend.
A: Der Storchschnabel, verwandt mit den Zier-„Geranien“, verdankt seinen Namen der Schnabelform seiner Früchte (gr. geranos = Kranich!). Diese stehen jeweils zu fünft auf dem Kelchboden und strecken eine lange Granne vor, die an ihrer Spitze mit einer Mittelsäule verwachsen ist. Nach der Fruchtreife kommt es durch den besonderen Bau der Granne bei Austrocknung zu Spannungen: Sie rollt sich schlagartig auf, wobei der Same aus der Fruchtschale oft meterweit weggeschleudert wird.

Rot-Klee *Trifolium pratense*
Schmetterlingsblütengewächse *Fabaceae (Leguminosae)*

Juni - Okt.
15–45 cm

B: Meist stehen 2 kopfig-eiförmige Blütenstände, die nacheinander aufblühen, am Stengelende. Sie haben einen Längsdurchmesser von 2–3,5 cm. Der Kelch wird halb so lang wie die Blüte; er ist 10nervig (Lupe!). Stengel meist aufrecht, behaart. Teilblättchen 2- bis 2,5mal länger als breit.

SV: Wiesen, Gebüsche. Anbau auf Äckern. Sehr häufig. Dringt in den Alpen örtlich über 2500 m vor.

A: Der Rot-Klee wurde zwar schon im 11. Jahrhundert in Deutschland angebaut. Durchgesetzt hat sich der Kleeanbau indessen erst im 18. Jahrhundert, als die Beweidung der Brache in der damaligen Dreifelderwirtschaft immer mehr zurückging. An ihre Stelle trat im Sommer die Stallfütterung mit Rot-Klee. Besondere Verdienste um die Einführung des Rot-Klee-Anbaues machte sich J.C. Schubart aus Würschnitz bei Zeitz/Sachsen, der dafür im Jahre 1780 von Josef II. als „Edler von Kleefeld“ geadelt wurde.

Wiesen-Flockenblume *Centaurea jacea*
Korbblütengewächse *Asteraceae (Compositae)*

Juni – Okt.

30–100 cm

B: Stengel nur wenig verzweigt. An den Astenden große Blütenkörbchen mit braunen, schuppenartigen Hüllblättern und Röhrenblüten, von denen die äußeren deutlich vergrößert sind. Mittlere und obere Stengelblätter meist ungeteilt, untere oft buchtig-fiederspaltig, alle wechselständig.
SV: Wiesen, Halbtrockenrasen, Wegraine. Bevorzugt nicht allzu trockene, nährstoffreiche, kalkhaltige Lehmböden, die nicht zu dicht sein sollten. Sehr häufig. Dringt in den Alpen bis 1900 m vor.
A: Die Pflanze ist sehr formenreich und in ihrem Wuchs je nach Standort ungemein veränderlich. In guten Wiesen wächst sie hochstengelig heran, auf Weiden findet man häufig niederwüchsige Exemplare mit bogig aufsteigendem Stengel. Formen mit weißen oder gemischten Blüten sind nicht allzu selten. Die großen Randblüten sind unfruchtbar; sie dienen als „Schauapparat“ zum Anlocken der Bestäuber: Bienen, Hummeln und Schmetterlinge.

Gemeine Schafgarbe *Achillea millefolium*
Korbblütengewächse *Asteraceae (Compositae)*

Juni - Okt.

15–50 cm

B: Blüten in kleinen, doldenartig angeordneten Körbchen; innen Röhrenblüten, außen meist nur 4–5 Zungenblüten. Gelegentlich sind diese rötlich überlaufen, selten tief rosenrot. Stengel aufrecht. Blätter wechselständig, doppelt gefiedert. Pflanze riecht aromatisch.
SV: Trockene Rasen, Wiesen, Raine, Wege, Ackerränder. Bevorzugt nährstoffreiche, eher trockene Lehmböden. Sehr häufig. Dringt in den Alpen örtlich bis über 1700 m vor.
A: Die Gemeine Schafgarbe ist eine wertvolle Heilpflanze. Sie enthält Chamazulen, das entzündungshemmend wirkt. Allerdings kann der Saft der Gemeinen Schafgarbe bei dafür empfindlichen Personen auch Hautausschläge hervorrufen. Oft kommt es dazu, wenn man sich sonnenbadend auf frisch gemähte Rasen legt. Als Futterkraut für Weidetiere hat die Gemeine Schafgarbe keine Bedeutung; doch verbessert sie den Geschmack des Futters.

Rundblättrige Glockenblume *Campanula rotundifolia*
Glockenblumengewächse *Campanulaceae*

Juni – Sept.

15–50 cm

B: Lockere Rispen. Blüten glockig, meist nickend, rein blau, 1,5 – 2(3) cm lang, nur etwa auf 1/3 der Länge in 5, etwas ausgebogene Zipfel gespalten. Stengelblätter länglich, Grundblätter nierenförmig-rundlich bis eiherzförmig.

SV: Wiesen, Heiden, Halbtrockenrasen, lichte Wälder, Wegränder, Mauern. Bevorzugt nicht zu trockene, gern schwach saure und auch sandige Lehmböden. Etwas kalkscheu. Sehr häufig; bis etwa 2400 m.

A: Sehr formenreiche Pflanze, die vor allem im höheren Bergland und in Gebirgslagen viele Rassen aufweist. Alle deuten mit ihrem Vorkommen aber auf eine gewisse Nährstoffarmut im Boden hin. Wie bei allen Glockenblumen ist die Frucht eine vielsamige Kapsel, die (bei dieser Art) nickt und sich bei Trockenheit am Grunde mit 3 Poren öffnet. Bei heftiger Bewegung des Fruchtstandes (Windstoß!) können daraus die kleinen, fast diskusartigen Samen herausgeschleudert werden.

Breit-Wegerich *Plantago major*
Wegerichgewächse *Plantaginaceae*

Juni – Okt.

15–30 cm

B: Blüten unscheinbar, in einer langen Ähre, deren Stiel deutlich kürzer als die durchschnittliche Blattlänge bleibt. Staubbeutel rotviolett oder rotbraun. Blätter in einer Rosette, nicht dem Boden aufliegend, sondern schräg abstehend.
SV: Wege, Wiesen, Ödland, Schuttplätze. Bevorzugt nicht zu trockene, verdichtete, nährstoffreiche Lehmböden. Sehr häufig. Dringt in den Alpen örtlich bis über 2500 m vor.
A: Der Breit-Wegerich ist eine der Arten, die vielbetretene Rasen besiedeln. Dies hängt nicht nur damit zusammen, daß er dank seiner tiefreichenden Wurzeln auf Böden durchkommt, die zumindest oberflächlich sehr stark verdichtet und dadurch schlecht belüftet sind. Wesentlich ist auch seine Unempfindlichkeit gegen mechanische Verletzungen. Die Leitbündel in den Blättern, die „Blattadern“, sind sehr zäh. Selbst wenn die Blattfläche zwischen den Adern beschädigt ist, stirbt das Blatt nicht ab.

Vogel-Wicke *Vicia cracca*
Schmetterlingsblütengewächse *Fabaceae (Leguminosae)*

Juni – Aug.
30–150 cm

B: Langgestielte, meist reichblütige, etwas einseitswendige Trauben aus den oberen Blattachseln. Blätter gefiedert, mit 16–20 schmalen Teilblättchen und in eine verzweigte Ranke auslaufend. Stengel niederliegend-aufsteigend oder meist, mit Hilfe der Blattranken, hangelnd-kletternd zwischen anderen Pflanzen. Pflanze meist vielstengelig.
SV: Wiesen,.Gebüsche, Waldränder, Getreidefelder. Liebt nicht zu trockene, tiefgründige, stickstoffhaltige Lehmböden. Häufig; bis gegen 1200 m.
A: Die Pflanze gilt als gutes Futterkraut und ist deshalb in Wiesen und Grünfutteräckern gern gesehen. Ihre vielen Blütentrauben geben auch eine reichhaltige Bienenweide ab. Versuche, sie feldmäßig anzubauen, müssen wohl aber als gescheitert gelten. So ist sie, seit der Jungsteinzeit, bei uns nur Kulturbegleiter, aber nicht Kulturpflanze. Der Name deutet schon darauf hin: eine Wicke, deren Samen nur für Vögel taugen.

Acker-Witwenblume *Knautia arvensis*
Kardengewächse *Dipsacaceae*

Juni – Sept.
30–70 cm

B: Blüten in einem Köpfchen, das unten von Hüllblättern eingefaßt ist. Randblüten größer als die inneren Blüten. Blüten rotviolett, violett oder lila. Stengel unter dem Köpfchen deutlich abstehend behaart. Blätter gegenständig; wenigstens die oberen Stengelblätter fiederteilig.
SV: Wiesen, Halbtrockenrasen, Wegränder, Unkrautbestände auf Brachäckern. Sehr häufig. Dringt in den Alpen nur örtlich über 1200 m vor.
A: Für das herdenweise Auftreten der Acker-Witwenblumen an Wegrändern und Rainen sorgen Ameisen. Sie verschleppen die Samen in ihre Baue, wo einige von ihnen keimen. Der an solchen Standorten zeitweise auftretenden Bodentrockenheit vermag die Acker-Witwenblume dank ihres fast bis zu Metertiefe vordringenden Wurzelwerks zu trotzen. Auf Wiesen, die Heu liefern sollen, sieht man sie ungern. Ihre Stengel trocknen schlecht, ihre Blätter zerbröseln bei der Heubereitung.

Kleiner Odermennig *Agrimonia eupatoria*
Rosengewächse *Rosaceae*

Juni – Aug.
30–100 cm

B: Lange, viel-, aber kleinblütige Trauben am verzweigten, rauh behaarten Stengel. Blätter gefiedert; Teilblättchen am Rand gesägt, große und kleine Fiedern regelmäßig abwechselnd. Endfieder gestielt, die übrigen sitzend.
SV: Halbtrockenrasen, Wegraine, Waldränder, sonnige Waldwege. Liebt sonnendurchwärmte, nicht allzu trockene, nährstoffhaltige Böden. In Kalk- und Lehmgebieten häufig, sonst seltener; bis 1000 m.
A: Alte und berühmte Heilpflanze, die aber nur Gerb- und Bitterstoffe, Kieselsäure und Ätherische Öle enthält; eupatoria soll auf den heilkundigen König Mithridates Eupator (123–63 v. Chr.) hinweisen, ist aber eher das verballhornte hepatoria, das auf die Anwendung bei Leberleiden (Hepatitis) abzielt. Odermennig (Ackermennig) ist das eingedeutschte agrimonia (lat.), das von argemone (gr.) stammt. Mit diesem Namen hat Dioskorid eine Mohnpflanze bezeichnet, die ein Augenleiden (gr. argema) heilt.

Feld-Thymian *Thymus pulegioides*
Lippenblütengewächse *Lamiaceae (Labiatae)*

Juni - Okt.

10–25 cm

B: Blüten klein, am Stengelende kopfig gehäuft oder quirlig in den Achseln der oberen Blätter. Stengel – oft undeutlich – vierkantig, meist nur an den Kanten behaart. Pflanze bildet kleine Polster.

SV: Halbtrockenrasen, Sandflächen, Wegränder, alpine Schutthalden. Zerstreut. Dringt in den Alpen örtlich bis etwa 2500 m vor.

A: Obwohl der Feld-Thymian seit alters als Heilpflanze verwendet wird, hat er nie die Bedeutung erlangt wie der im Mittelmeergebiet heimische Gewöhnliche Thymian *(Thymus vulgaris)*, dessen Blätter wesentlich reicher an Inhaltsstoffen sind. Arzneilich wirksam sind Ätherische Öle; daneben kommen Gerbstoffe und ein Bitterstoff vor. In Mitteleuropa gibt es mehrere nahe verwandte Thymian-Arten, die jedoch für Nichtspezialisten im Gelände nur schwer unterscheidbar sind. Bei allen diesen Arten kommt es zur Polsterbildung, weil Ameisen die Samen in ihre Baue verschleppen.

Echtes Labkraut *Galium verum*
Rötegewächse *Rubiaceae*

Juni – Okt.

15–60 cm

B: Pflanze vielstengelig mit endständigen, reichblütigen Rispen. Stengel aufrecht oder aufsteigend, rundlich, mit 4 hervortretenden Leisten. Blätter nadelförmig, unten weißlich, zu 8–12 quirlständig. Blüten zitronengelb, honigduftend.
SV: Wiesen, Trocken- und Halbtrockenrasen, Wegraine, Gebüsche, Waldsäume. Bevorzugt nicht zu trockene, kalkhaltige bis schwach saure, nährstoffarme Lehmböden. Häufig; etwas wärmeliebend, deshalb in den Alpen kaum über 1200 m vordringend.
A: Die Pflanze enthält pro 100 g Blätter etwa 1 mg Labferment. Dieser Stoff bringt die Milch zum Gerinnen. Deswegen wurde die Art früher oft zur Käsebereitung verwendet (Name!). Mit dem weißblühenden Wiesen-Labkraut (S. 120) bildet unsere Art nicht selten Bastarde. Sie fallen durch gelblichweiße Blüten und den Honigduft besonders auf. Von allen Labkrautarten gilt unsere Pflanze als die beste und ergiebigste Bienenweide.

Karthäuser-Nelke *Dianthus carthusianorum*
Nelkengewächse *Caryophyllaceae*

Juni – Sept.
15–50 cm

B: Meist stehen 1–10 Blüten in einem endständigen Büschel; gleichzeitig sind indessen nur 1–2 Blüten je Büschel erblüht. Blüten dunkelrot oder tief rosenrot. Kelch kahl, am Grunde mit Schuppen, die in eine Granne auslaufen und etwa halb so lang wie der Kelch werden. Blattscheiden am Stengel etwa doppelt so lang, wie die Blätter breit sind.

SV: Trockene Rasen; lichte, trockene Gebüsche und Wälder. Braucht kalkhaltigen Boden. Zerstreut; fehlt in Nordwestdeutschland. Dringt in den Alpen nur örtlich über 2000 m vor.

A: Die Karthäuser-Nelke wurde nach den Gebrüdern J. und F. Karthäuser benannt, die in der 2. Hälfte des 18. Jahrhunderts lebten und sich als Botaniker einen Namen machten. Eine andere Deutung will wissen, Karthäusermönche hätten diese Pflanze bevorzugt in ihren Klostergärten angepflanzt. Von der Karthäuser-Nelke gibt es mehrere Rassen, die sich in Blatt- und Blütengröße unterscheiden.

Raukenblättriges Greiskraut *Senecio erucifolius*
Korbblütengewächse *Asteraceae (Compositae)*

Juli – Okt.

30–100 cm

B: Blüten in trugdoldig angeordneten Körbchen. Diese enthalten innen Röhren-, am Rand Zungenblüten. Stengel kantig. Blätter fiederteilig, unterseits spinnwebig behaart. Wurzelstock kurz, kriechend. Fruchtknoten und Frucht mit einer Haarkrone.

SV: Halbtrockenrasen, Wegraine, Waldränder, Gebüsche. Bevorzugt kalk- und stickstoffhaltige, oft etwas steinige Lehmböden, die sommerwarm sein sollten, aber nicht zu stark austrocknen dürfen. Dringt in den Alpen kaum über 1000 m vor. Häufig.

A: Die Haarkrone der reifen Früchtchen bildet auf den Körbchen das Greisenhaar, das der Gattung den Namen zukommen ließ (senex, lat. = Greis). Der davon abgeleitete deutsche Name wird sehr oft in „Kreuzkraut" umgewandelt. Die Art hat eine Doppelgängerin, das seltenere und giftige Jakobs-Greiskraut *(S. jacobaea)*, bei dem die am Rand des Körbchens stehenden Früchte keine Haarkrone tragen und der Wurzelstock senkrecht in die Erde geht.

Juli - Sept.

30–60 cm

Moschus-Malve *Malva moschata*
Malvengewächse *Malvaceae*

B: Blüten 4–5 cm im Durchmesser, hellrot, rosa oder fast weiß. Außenkelchblätter 3–5 mm lang und nur um 1 mm breit. Obere Blätter bis fast zum Grund handförmig 5- bis 7teilig. Haare am Stengel unverzweigt (Lupe! Wenn verzweigt: Rosen-Malve [*Malva alcea*], die aber seltener ist.).
SV: Trockenrasen, Dämme und Raine. Braucht tiefgründigen, nährstoffreichen Lehmboden. Zerstreut, oft in auffälligen kleineren Beständen. Dringt in den Alpen bis etwa 1500 m vor.
A: Die Moschus-Malve ist wahrscheinlich aus dem Mittelmeergebiet bei uns eingewandert. Dafür spricht, daß sie sich am ehesten auf warmen Trockenrasen hält. Auf gestörten Standorten entlang von Eisenbahnlinien und Straßen breitet sie sich aus. Unbeständigkeit kennzeichnet hier ihre Wuchsorte. Zuweilen findet man sie mehrere Jahre hindurch in kleineren Beständen; dann weicht sie offensichtlich einheimischen, standortsgemäßen Arten.

Wiesen-Augentrost *Euphrasia rostkoviana*
Braunwurzgewächse *Scrophulariaceae*

B: Blüten in endständigen Ähren, die mit laubblattartigen Hochblättern durchsetzt sind; Unterlippe dreilappig, violett gestreift und gelb gefleckt. Stengel aufsteigend, oft verzweigt. Blätter gegenständig, eiförmig, gekerbt-gezähnt.
SV: Wiesen, Weiden, Almen, Halbtrockenrasen und Flachmoore. Braucht wenig nährstoffhaltigen, kalkarmen, aber feuchten und humus- oder moderhaltigen Boden. Häufig, im NW selten, in den Alpen bis 2300 m.
A: Alte Heilpflanze, früher – zuweilen auch noch heute – zur Behandlung von Augenleiden (Name!) angewandt. Enthält Ätherische Öle, Gerbstoffe und Aucubin, das vor allem für Insekten giftig ist. Der Augentrost ist ein Halbschmarotzer, der unterirdisch Gräser anzapft und ihnen wichtige Inhaltsstoffe entzieht, so daß sie im Wachstum beeinträchtigt werden. Er kommt in einer Sommerrasse mit wenig und in der Herbstrasse mit stark verzweigtem Stengel vor.

Juli – Okt.

5–25 cm

Wilder Dost *Origanum vulgare*
Lippenblütengewächse *Lamiaceae (Labiatae)*

Juli - Okt.

30–60 cm

B: Zahlreiche Blüten stehen in den Achseln der obersten Blätter und am Ende der Zweige kopfig gehäuft in einem zusammengesetzt-rispigen Blütenstand. Sie werden etwa 5–6 mm lang; sie sind hell rosarot-purpurrot. Auch die Hochblätter sind braunrot überlaufen. Blätter eiförmig, am Rand oft schwach wellig oder undeutlich gezähnt.

SV: Trockenrasen, Raine, Waldränder und Gebüsche. Bevorzugt Kalkböden. Zerstreut, oft in kleineren Beständen. Dringt in den Alpen nur örtlich über 1500 m vor.

A: Beim Wilden Dost dienen nicht nur die Blüten dem Anlocken der bestäubenden Insekten (Bienen, Falter und Fliegen). Deren Aufmerksamkeit dürfte außerdem von den zumeist kräftig rot überlaufenen Hochblättern erregt werden. Der Blütenstand wirkt also in seiner Gesamtheit anlockend. Darauf soll sich der Name „Dost“ beziehen. Er bedeutet im Mittelhochdeutschen „Strauß“.

Herbst-Zeitlose *Colchicum autumnale*
Liliengewächse *Liliaceae*

Aug. – Okt.
5–20 cm

B: Blüte ohne Blätter auf weißlichem Stiel, einzeln. Die Blätter erscheinen erst im nächsten Frühjahr. Sie ähneln denen der Garten-Tulpe und umhüllen eine große, dreikantige Fruchtkapsel.
SV: In feuchten Wiesen und nicht zu dichten Auwäldern. Braucht tiefgründige, nährstoffreiche, zumindest zeitweilig vom Grundwasser gut durchsickerte Ton- oder Lehmböden. Häufig, im Norden selten; dringt im Gebirge bis etwa zur Waldgrenze vor.
A: Der Fruchtknoten der Blüte steckt tief in der Erde. Dort überwintert auch die Frucht und schiebt sich erst im nächsten Jahr zusammen mit den Blättern heraus. Die Nährstoffe für die Entwicklung beider werden in einer Zwiebel gespeichert, die immer durch die Photosynthesetätigkeit der vorausgegangenen Blattgeneration angelegt wird. Das Gift der Zeitlose, das Alkaloid Colchicin, wird in der Vererbungsforschung zur Mutationsauslösung und medizinisch (! keine Selbstbehandlung) verwendet.

Scharbockskraut *Ficaria verna*
Hahnenfußgewächse *Ranunculaceae*

März - Mai

60–100 cm

B: Blüten einzeln, langgestielt. Stengel hohl, niederliegend bis aufsteigend. Blätter wechselständig, herz-nierenförmig, gekerbt, die oberen etwas eckig. Blattoberfläche glänzt auffallend. In den Blattachseln oftmals Brutknöllchen.
SV: Wiesen, feuchte Gebüsche und Laubwälder, Gräben, Ufer. Braucht feuchte, nährstoffreiche Lehmböden. Sehr häufig. Dringt in den Alpen nur örtlich über 1000 m vor.
A: „Scharbock" ist ein anderer Name für „Skorbut", eine Vitamin-C-Mangelkrankheit. Früher trat sie nach langen Wintern, in denen Obst und frische Gemüse fehlten, oft epidemisch auf. Vitamin C vermag die Krankheit zu heilen. Es ist in Obst und grünen Pflanzenteilen enthalten. Blätter des Scharbockskrauts sind reich an Vitamin C. Deshalb vermochten Salate aus ihnen Skorbut zu heilen. Der Genuß ist nicht unbedenklich. Vor allem ältere Blätter enthalten die Gifte Anemonin und Protoanemonin.

Dunkles Lungenkraut *Pulmonaria obscura*
Borretschgewächse *Boraginaceae*

März – April
15–40 cm

B: Doldenähnliche Blütenstände mit anfangs roten, später tief blau verfärbenden, schlüsselblumen-ähnlichen Blüten. Grundblätter länglich, spitz, mit langem Stiel, ungefleckt. Ganze Pflanze rauhborstig behaart, aber nicht klebrig.
SV: Vor allem in Laub- und Mischwäldern, auch im Auwald. Braucht feuchte, grundwasserdurchzogene, nährstoff- und humusreiche Lehmböden. Mullpflanze. Zerstreut; im Norden selten; kaum über 800 m.
A: Alte Heilpflanze für Lungenkrankheiten und Husten. Enthält neben Saponinen und Kieselsäure auch Schleim- und Gerbstoffe. Wurde früher nicht vom Echten Lungenkraut *(P. officinalis)* unterschieden. Dieses besitzt gefleckte Blätter und kommt viel seltener in den Alpen (bis 1300 m) und im Alpenvorland (mit östlicher Verbreitungstendenz) vor. Weitere, eng verwandte Arten besitzen neben den Borstenhaaren auch noch kurze Stieldrüsen, die ein klebriges Sekret absondern.

April – Mai

15–30 cm

Echte Sternmiere *Stellaria holostea*
Nelkengewächse *Caryophyllaceae*

B: Mehrere Blüten stehen in lockerem, gabelartig verzweigtem Blütenstand. Sie erreichen um 2 cm im Durchmesser. Blütenblätter bis fast zum Grunde gespalten. Stengel aus meist knickigem Grund aufrecht, kantig. Blätter gegenständig, sitzend, lanzettlich, meist starr, dunkelgrün oder bläulichgrün.
SV: Laub- und Mischwälder, Waldränder, seltener Gebüsche. Braucht nährstoffreiche, lockere Lehmböden. Sehr häufig. Fehlt – von einzelnen Tälern abgesehen – in den Alpen.
A: Die Echte Sternmiere kennzeichnet Laubwälder, in denen Eichen, Hainbuche und Rot-Buche Hauptbaumarten sind. Je saurer der Boden, desto eher herrschen unter sonst gleichen Bedingungen Eiche und Hainbuche vor. Auf basischen Böden überwiegt die Rot-Buche. Interessant ist, daß die Echte Sternmiere um so tieferen Schatten erträgt, je basischer der Boden ist, auf dem sie wächst.

Stinkende Nieswurz *Helleborus foetidus*
Hahnenfußgewächse *Ranunculaceae*

März – April

30–50 cm

B: Doldig-rispiger, überhängender Blütenstand mit nickenden, glockigen Blüten. Diese grünlich, oft mit rotbraunem Saum. Stengel ohne Grundblätter, aber mit vielen handförmig gelappten, größtenteils langgestielten, wintergrünen Stengelblättern.
SV: Trockenwälder und Gebüsche, gelegentlich auch in offenen Trockenrasen und an Felsen. Stets auf Kalk. Bevorzugt lockere, oft reichlich steinige Lehmböden. Zerstreut, stellenweise auf größeren Strecken fehlend, kaum über 1000 m vordringend.
A: Es wurde schon versucht, den dekorativen Frühblüher als Zierpflanze zu ziehen, doch ist er trotz seiner derben Blätter recht frostempfindlich. Außerdem strömt die Pflanze einen unangenehmen Duft aus. Sie ist auch giftig und wird an ihren Naturstandorten vor allem Schafen gefährlich. Früher wurde die pulverisierte Wurzel zur Ungezieferbekämpfung verwendet. Daran erinnert der mancherorts gebräuchliche Name Lauskraut.

März-Veilchen *Viola odorata*
Veilchengewächse *Violaceae*

März - April

3–10 cm

B: Blütenstiel unbeblättert. Blüten dunkelviolett, duftend. Gesporntes Blütenblatt um 1,5 cm lang. Sporn gleichfarbig wie das Blütenblatt, an dem er hängt. Alle Blätter grundständig, breit eiförmig bis nierenförmig, gekerbt.

SV: Trockene Gebüsche, Wegraine, Gärten. Liebt nährstoffreiche Böden; braucht Wärme. Zerstreut. Dringt in den Alpen bis etwa 1000 m vor.

A: Beim März-Veilchen, das gleichermaßen unter dem Namen Wohlriechendes Veilchen bekannt ist, entstehen die individuenreichen Nester aus zahlreichen Einzelpflanzen nicht nur dadurch, daß die Pflanzen Ausläufer und damit Tochterrosetten ausbilden, die sich mit der Zeit verselbständigen. Die Samen des März-Veilchens werden gleich denen anderer Veilchen-Arten von Ameisen in ihre Baue verschleppt, wo sie auskeimen. Wegen seines Duftes und der frühen Blühzeit wird das März-Veilchen auch angepflanzt oder in Töpfen gezogen.

Wald-Primel *Primula elatior*
Primelgewächse *Primulaceae*

März – Mai

15–30 cm

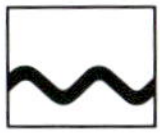

B: Blüten in hängender Dolde auf hohem, blattlosem Schaft. Kronblätter schwefelgelb, als Blütensaum flach ausgebreitet. Rosette aus länglich-eiförmigen, runzeligen Grundblättern.
SV: In Wäldern aller Art, auf feuchten Wiesen, an Ufern. Braucht feuchten, lockeren Lehmboden, der nährstoffreich sein muß. Häufig, im Norden selten, in den Alpen bis gegen 2200 m vordringend.
A: Alte Heilpflanze, aber gegenüber der Wiesen-Primel (S. 99) von geringerem Ansehen. Dagegen, weil etwa 2 Wochen früher blühend, als Frühlingskünderin für Wildblumensträuße sehr beliebt. Das Pflücken eines bescheidenen Handstraußes mag bei den oft noch massenhaften Vorkommen unschädlich sein, dagegen hat mancherorts das systematische Ausgraben für gewerbliche Zwecke schon Standorte vernichtet. Deswegen wurde dieses auch gesetzlich verboten. Es gibt viele Gärtnereien, welche die Primelart aus eigener Zucht anbieten.

Busch-Windröschen *Anemone nemorosa*
Hahnenfußgewächse *Ranunculaceae*

März – April
15–25 cm

B: Blüten entspringen einzeln aus einem dreiteiligen Hochblattquirl, der den sonst blattlosen Stengel abschließt. Blüte 1,5–3 cm im Durchmesser, kahl oder schwach behaart, außen oft rötlich überlaufen. Meist noch ein gestieltes Grundblatt, das den Hochblättern ähnelt.

SV: Wälder, Gebüsche, Bergwiesen. Braucht mullreichen, nicht zu mageren Boden. Sehr häufig. Dringt in den Alpen bis etwa 1800 m vor.

A: Das Busch-Windröschen ist ein typischer Frühjahrsblüher in unseren Laubwäldern. Liegt wenig Schnee und bricht früh der Frost, erscheinen die ersten Blätter Ende Februar, die ersten Blüten um Mitte März. Die Blüte hält an, bis sich die Blätter der Laubbäume entfalten. Im Juli, manchmal schon im Juni, beginnen die Blätter zu vergilben. Dann lebt nur noch der Wurzelstock weiter. In ihm werden Nährstoffe gespeichert, die im Sommer gebildet wurden und die den Frühstart ermöglichen.

Wald-Veilchen *Viola reichenbachiana*
Veilchengewächse *Violaceae*

April – Mai

5–25 cm

B: Kurzer, liegender bis aufsteigender Stengel. Blüten einzeln aus den Blattachseln, gestielt. Blätter herzförmig, am Rand gekerbt. Auch Grundblätter vorhanden. Ganze Pflanze kahl.
SV: Wälder aller Art. Braucht gut durchfeuchtete, humusreiche und nährstoffhaltige Lehmböden mit Mullauflage. Häufig; bis über die Waldgrenze in alpine Zwergstrauchheiden vordringend.
A: Die reife Kapselfrucht schleudert beim Aufspringen die meisten Samen heraus. Diese tragen ein kleines Anhängsel, das von Ameisen gern gefressen wird („Ameisenbrötchen"). Die Samen werden auf diese Weise weit verschleppt. Der Blütensporn enthält Nektar, durch den Hummeln und Bienen als Bestäuber angelockt werden. An Merkmalen des Sporns werden zwei Unterarten (Arten) unterschieden: ssp. *sylvestris*, mit violettem, um 5 mm langem und ssp. *riviniana* mit weißlichem, unter 5 mm langem Sporn. Die ssp. *sylvestris* blüht etwa 14 Tage früher.

Breitblättriges Kreuzlabkraut *Cruciata laevipes*
Rötegewächse *Rubiaceae*

April - Juni

15–70 cm

B: Blüten quirlartig blattachselständig, klein, kaum 3 mm im Durchmesser. Stengel aufsteigend oder aufrecht, vierkantig. Blätter zu vieren quirlständig, hellgrün, länglich eiförmig, dreinervig. Ganze Pflanze kurzhaarig.

SV: Waldränder, Gebüsche, Wegränder, Ufer, gelegentlich auf Schuttplätzen oder in waldnahen Wiesen. Braucht humosen, eher feuchten Boden. Zerstreut, im Norden selten. Dringt in den Alpen nur örtlich über 1800 m vor.

A: Das Breitblättrige Kreuzlabkraut ist eine typische Pflanze der nicht zu trockenen Waldsäume. In diesen herrscht ein recht ausgeglichenes Kleinklima. Extreme Lufttrockenheit tritt fast nie auf. Durch den reichen Pflanzenwuchs fallen im Herbst viele verwesende Blätter und Stengel an. Durch sie werden dem Boden wieder Nährsalze, aber auch Humusstoffe zugeführt. Neben anderem verbessern sie die Wasserspeicherung im Boden.

Wald-Sauerklee *Oxalis acetosella*
Sauerkleegewächse *Oxalidaceae*

April – Mai

8–15 cm

B: Blüten und Blätter langgestielt, grundständig. Kronblätter weiß mit violetten Adern und einem gelben Fleck am Grund. Laubblätter dreizählig, kleeartig, meist hellgrün, sauer schmeckend (Vorsicht!).
SV: Wälder aller Art. Ausgesprochene Schattenpflanze, die im vollen Licht (Kahlschläge) kümmert. Braucht gut durchfeuchtete, nährstoffhaltige, modrige Lehmböden, die eher schwach sauer sein sollten. Sehr häufig; Hauptverbreitung in den höheren Lagen. Dringt im Gebirge bis gegen 2000 m vor (Heiden).
A: Die Blätter werden ihres angenehm sauren Geschmacks wegen von Kindern gerne gegessen;doch sollte dies nicht in größeren Mengen geschehen. Die geschmacksbestimmende Sauerkleesäure (Oxalsäure) und ihre Salze (Kleesalze) sind durchaus giftig, wenn auch in kleineren Quantitäten praktisch ungefährlich (z.B. im Rhabarber). Kleesalz löst auch Eisenrost und fand früher zur Entfernung von Tintenflecken (Eisengallus) Verwendung.

April – Mai

5–10 cm

Haselwurz *Asarum europaeum*
Osterluzeigewächse *Aristolochiaceae*

B: Blüten einzeln in den Blattachseln, dem Boden aufliegend oder nur wenig über ihn emporgehoben, gelegentlich auch unter der Laubstreu verborgen, 1–1,5 cm lang, außen braungrün, innen rotbraun. Blätter gestielt, nierenförmig, glänzend, wintergrün, zuweilen rötlich überlaufen, grundständig.

SV: Laubwälder, Mischwälder, seltener in lichten Nadelwäldern. Braucht kalkhaltigen, humosen Lehmboden. Zerstreut, an ihren Standorten in meist individuenreichen Beständen. Dringt in den Alpen kaum bis zur Laubwaldgrenze vor.

A: Wenn man Haselwurzblätter kaut (nicht schlukken!), erzeugen sie auf der Zunge starkes Brennen. Ursache hierfür ist Ätherisches Öl mit dem Gift Asaron. In hohen Dosen kann es zum Tode führen. Andererseits wird getrockneter, pulverisierter Wurzelstock der Haselwurz manchen Niespulvern beigemischt. Arzneilich wird Haselwurz nur noch in homöopathischen Heilmitteln verwendet.

Schattenblümchen *Maianthemum bifolium*
Liliengewächse *Liliaceae*

April – Juni

5–15 cm

B: Blüten klein, kurzgestielt in rispiger Traube. Stengel einfach, unverzweigt mit meist 2, selten 3 wechselständigen Blättern. Diese gestielt, herzförmig, ganzrandig und bogig parallelnervig.
SV: Schattenpflanze; in Wäldern und Gebüsch aller Art, sofern der Boden zumindest oberflächlich sauer reagiert, mullreich und nicht zu trocken ist. Häufig, in Kalkgebieten seltener; bis 1800 m.
A: Das Schattenblümchen (auch Schattenblume) wird wie das Maiglöckchen (S. 180) in manchen Gegenden Maiblume (oder Kleines Maiblümchen) genannt. Es enthält auch dieselben Giftstoffe wie das Maiglöckchen, mit dem es eng verwandt ist. Eine gewisse Besonderheit sind die vierteiligen Blüten, da innerhalb der Liliengewächse die Sechszähligkeit vorherrscht. In höheren Lagen oder auf sehr stickstoffreichen Böden unterbleibt oft die Ausbildung von Blüten. Dort findet man ganze Herden steriler Exemplare mit je einem einzigen Laubblatt.

Wald-Bingelkraut *Mercurialis perennis*
Wolfsmilchgewächse *Euphorbiaceae*

April – Mai

15–30 cm

B: Männliche und weibliche Blüten befinden sich auf verschiedenen Individuen: Pflanze zweihäusig. Blüten geknäuelt, in blattachselständigen Ähren. Stengel aufrecht, nur in der oberen Hälfte beblättert, unverzweigt. Blätter gestielt, eiförmig-lanzettlich, dunkelgrün, dreimal so lang wie breit.

SV: Wälder. Braucht mullhaltigen, nährstoffreichen Boden. Sehr häufig; an seinen Standorten in oft ausgedehnten Beständen. Dringt in den Alpen bis etwa zur Waldgrenze vor.

A: Am Bingelkraut entdeckte 1664 der Tübinger Medizinprofessor Rudolf Jacob Camerarius, der auch Direktor des Botanischen Gartens war, die Geschlechtlichkeit der Pflanzen. Er zog weibliche Pflanzen völlig getrennt von männlichen heran. Diese setzten zwar Früchte an, die indessen keine keimfähigen Samen enthielten. Camerarius erschloß daraus, daß die Bestäubung mit Pollen die Voraussetzung zur Samenbildung ist.

Bären-Lauch *Allium ursinum*
Liliengewächse *Liliaceae*

April – Juni

15–30 cm

B: Reichblütige Scheindolde mit schneeweißen, 6strahligen Blüten auf langem, stumpf dreikantigem Stengel. Blätter maiglöckchenartig, beim Zerreiben mit starkem Knoblauchgeruch.
SV: Wälder, vor allem mit Laubholz, Auwälder, Bachgebüsche, Parkanlagen. Liebt nährstoff- und humusreiche, lockere, grundwasserdurchzogene Lehmböden. Häufig, in der Norddeutschen Tiefebene seltener, dringt im Gebirge bis gegen 1700 m vor.
A: Unter zusagenden Bedingungen, z. B. in Schluchtwäldern, tritt die Pflanze oft in dichten und ausgedehnten Beständen auf, so daß man ihre Anwesenheit schon von weitem riecht. Sie enthält Ätherisches Öl mit übelriechenden Schwefelverbindungen, das dem echten Knoblauchöl sehr ähnelt und ihm auch in der Heilwirkung gleichkommt. Die Blätter werden noch heute als Volksheilmittel, Gewürz oder Rohkost verwendet, dem ungeübten Gaumen schmecken sie allerdings fast bitter und beizend scharf.

Frühlings-Platterbse *Lathyrus vernus*
Schmetterlingsblütengewächse *Fabaceae (Leguminosae)*

April – Juni

20–60 cm

B: Lockere, blattachselständige Trauben mit 2–7 Blüten. Blüten 1,5 – 2 cm lang, rot aufblühend und schmutzig blau verblühend. Stengel vierkantig, ungeflügelt, verbogen aufrecht. Blätter mit 4–6 Teilblättchen, die etwa halb so breit werden, wie sie lang sind. Am Blattende kurze Spitze.

SV: Laubwälder, seltener Mischwälder oder Nadelwälder. Braucht kalkhaltigen Boden. Zerstreut, örtlich häufig. Dringt in den Alpen bis etwa zur Laubwaldgrenze vor, geht örtlich etwas höher.

A: Die Frühlings-Platterbse gehört zu den frühblühenden Laubwaldkräutern, bei denen die Blätter noch ziemlich lange nach dem Austreiben der Bäume erhalten bleiben. In ihnen werden Reservestoffe sowohl für die reifenden Samen als auch für die unwirtliche Jahreszeit gebildet. Dazu ist Licht nötig. Deshalb kommt die Frühlings-Platterbse in Laubwäldern, deren Kronendach geschlossen ist, nicht vor.

Wald-Erdbeere *Fragaria vesca*
Rosengewächse *Rosaceae*

Mai – Juni

5–20 cm

B: Stengel aufrecht, mit 3–10 traubig-rispig angeordneten Blüten. Kronblätter breit eiförmig, vorn abgerundet, sich seitlich berührend. Blütenstiele anliegend behaart. Blätter dreizählig, Teilblättchen gesägt. Frucht: Erdbeere. Pflanze oft mit Ausläufern.
SV: Lichte Waldstellen, Kahlschläge, Waldwege, Gebüsche, Waldränder. Bevorzugt feuchte, nährstoffreiche, kalkhaltige Lehmböden. Sehr häufig. Dringt im Gebirge bis gegen 2200 m vor.
A: Botanisch gesehen ist die „Frucht“ der Erdbeere keine Beere. Früchte sind vielmehr die kleinen Körnchen (Nüßchen), die dem fleischig gewordenen Blütenboden aufsitzen. Der Botaniker spricht in diesem Falle von einer „Schein- und Sammelfrucht“. Desungeachtet ist das beliebte Wildobst sehr wohlschmekkend und zuckerreich (bis 10%). Das Einsammeln ist allerdings mühselig und die Konkurrenz der dickfrüchtigen Gartenformen groß. Diese stammen allerdings von amerikanischen Arten ab.

Kleines Immergrün *Vinca minor*
Hundsgiftgewächse *Apocynaceae*

April – Mai

10–20 cm

B: Blüten einzeln, hellblau, 2–3 cm im Durchmesser. Spitze der flach ausgebreiteten Blütenzipfel schief abgeschnitten. Stengel kriechend, am Grunde verholzt; blühende Stengel aufgebogen. Blätter gegenständig, lanzettlich, lederig, immergrün, kahl, bis 5 cm lang.
SV: Laubwälder, Mischwälder. Braucht kalkhaltigen Boden und durchschnittlich hohe Luftfeuchtigkeit. Zerstreut; an seinen Wuchsorten in oft ausgedehnten, dichten Beständen. Dringt in den Alpen kaum bis zur Laubwaldgrenze vor.
A: Die dichten Teppiche, die das Immergrün an zusagenden Wuchsorten bildet, kommen vorwiegend durch vegetative Vermehrung zustande. Die kriechenden Stengel schlagen an den Blattansatzstellen (Knoten) Wurzel. Meist werden die so entstehenden Tochterpflanzen selbständig. Auch sie treiben Ausläufer. Diese Eigenschaft machte das Immergrün zu einer gärtnerisch genutzten Pflanze.

Dreinervige Nabelmiere *Moehringia trinervia*
Nelkengewächse *Caryophyllaceae*

Mai – Juli

15–30 cm

B: Blüten einzeln in den Blattachseln, gestielt. Blütenblätter kürzer als die Kelchblätter, meist 5, gelegentlich nur 4. Laubblätter eiförmig, untere gestielt, obere sitzend; mit 3, seltener mit 5 parallelen Längsnerven (Name!).
SV: Wälder, Kahlschläge, Waldwege. Bevorzugt gut durchfeuchtete, nährstoffreiche, kalkarme bis kalkfreie und oberflächlich versauerte Lehmböden. Häufig, in reinen Kalkgebieten zerstreut; dringt im Gebirge bis über 1200 m vor.
A: Der wissenschaftliche Gattungsname soll an den Danziger Arzt und Botaniker P.H. Möhring (1720–1792) erinnern. Die kleinen, braunschwarzen Samen sind nierenförmig und tragen ein weißliches, gefranstes Anhängsel. Dies wurde als „Nabel" gedeutet, ist aber ein ölhaltiger Auswuchs, der von Ameisen gern gefressen wird. Sie verschleppen die Samen und sorgen so für die Verbreitung. Miere ist ein alter Name für Kraut.

Gundermann *Glechoma hederacea*
Lippenblütengewächse *Lamiaceae (Labiatae)*

Mai - Juni

15-60 cm

B: Blüten zu 2–3 in den Achseln der Blätter, die in der oberen Hälfte des Stengels stehen; oft mehr oder minder deutlich einseitswendig. Blüten 1–2 cm lang; Oberlippe flach. Stengel kriechend, aufsteigend oder aufrecht; treibt lange, oberirdische Ausläufer. Blätter gestielt, nierenförmig oder herzförmig, gekerbt.
SV: Wälder, Waldränder und Gebüsche, Wiesen und Rasen. Häufig. Dringt in den Alpen nur vereinzelt über 1200 m vor.
A: Der Gundermann wurde früher sowohl als Heil- wie auch als Gemüse- oder Gewürzpflanze verwendet. Er enthält einen Bitterstoff, Gerbstoffe, Ätherisches Öl und Saponin. Von keinem dieser Stoffe konnte eine eindeutige Heilwirkung nachgewiesen werden, so daß man heute auf die arzneiliche Verwendung der Pflanze weitgehend verzichtet. In der Literatur finden sich Hinweise, daß der Gundermann für Pferde giftig ist.

Waldmeister *Galium odoratum*
Rötegewächse *Rubiaceae*

Mai – Juni
10–30 cm

B: Endständige, langgestielte Trugdolden am aufrechten, unverzweigten Stengel. Blüten klein, 4zipfelig, trichterförmig. Blätter länglich-eiförmig, zu 6–8 in Quirlen, die stockwerkartig übereinanderstehen. Stengel deutlich vierkantig.
SV: In Wäldern aller Art, doch mit deutlicher Bevorzugung der (mullreichen) Laubforste. Liebt nährstoffreiche, kalkhaltige, etwas feuchte Lehmböden. Häufig; im Gebirge bis zur Waldgrenze.
A: Die Pflanze enthält Cumarinverbindungen, aus denen vor allem beim Welken Cumarin frei wird (Waldmeisterduft, Heuduft). Alte Heilpflanze; heute vor allem als Bowlenzusatz beliebt. Zu große Cumarinmengen können aber leicht (anderntags) Kopfschmerzen verursachen; selbst Schwindelanfälle oder Erbrechen sind möglich. Desungeachtet hat die Herstellung des „Maitrankes“ eine alte Tradition. Ein Benediktinermönch hat ihn bereits um 854 n. Chr. schriftlich erwähnt.

Gold-Taubnessel *Lamiastrum galeobdolon*
Lippenblütengewächse *Lamiaceae (Labiatae)*

Mai - Juni
15–50 cm

B: Meist 6 Blüten sitzen quirlartig in den Achseln der oberen Blätter. Oberlippe löffelartig gewölbt; Unterlippe braun gefleckt. Stengel vierkantig; nichtblühende Stengel liegend, blühende aufgebogen oder aufrecht. Blätter brennesselartig, aber ohne Brennhaare.
SV: Laub- und Mischwälder, selten in Nadelholzbeständen. Nur auf nährstoffreichen, feuchten Mullböden. Häufig. Dringt in den Alpen bis etwa zur Laubwaldgrenze vor.
A: Die Gold-Taubnessel bildet vor allem im Schatten Ausläufer. In milden Wintern, in denen Schnee nicht zu lange liegt, bleiben sie grün. Die Gold-Taubnessel wird deswegen als Unterwuchs unter Gebüschen in Gärten und Parks gepflanzt. Oft verwendet man Exemplare, bei denen die Oberhaut der Blätter vom darunterliegenden Gewebe abgehoben ist. Dies bewirkt infolge der Lichtreflektion an dieser Stelle eine Weißfleckung der Blätter.

Berg-Flockenblume *Centaurea montana*
Korbblütengewächse *Asteraceae (Compositae)*

Mai – Okt.

30–60 cm

B: Blüten in großen, einzelnstehenden Körbchen. Nur Röhrenblüten; die randlichen stark vergrößert, sattblau, die inneren blauviolett. Hüllblättchen der Körbchen grün mit schwarzem, gefranstem Saum. Laubblätter länglich, sitzend, am Stengel herablaufend, flockig-filzig behaart.
SV: Lichte Wälder, Bergwälder, Waldwege, Kahlschläge, Bergwiesen. Braucht kalkhaltigen, nährstoffreichen, lockeren Lehmboden. Im Tiefland selten, im Bergland und im Gebirge (bis über 2000 m) häufiger. Oft aus Gärten verwildert.
A: Die dekorative Verwandte der Kornblume ist mit ihrer Wuchsfreudigkeit und mit den bis zu 7 cm breiten Blütenkörbchen eine beliebte Gartenpflanze, die sich vor allem für Halbschattenlagen gut eignet. Trotz ihres oft massenhaften Auftretens an einigen Standorten ist sie aber in ihrem Bestand gefährdet. Man sollte sie deshalb nicht ausgraben. Samen und Setzlinge liefern viele Gärtnereien.

Nestwurz *Neottia nidus-avis*
Orchideengewächse *Orchidaceae*

Mai - Juni

10–60 cm

B: Zahlreiche Blüten stehen in einer mäßig dichten Ähre. Blüten ohne Sporn. Unterlippe zweilappig; obere Blütenblätter halbkugelig zusammengeneigt. Stengel kräftig. Blätter scheidig. Ganze Pflanze gelbbraun.

SV: Laub- und Mischwälder, selten in reinen Nadelholzbeständen. Braucht lehmigen, nährstoffreichen, kalkhaltigen Boden. Dringt in den Alpen bis etwa zur Laubwaldgrenze vor.

A: Die Nestwurz schmarotzt auf einem Pilz. Dessen Mycel (Pilzfäden) durchzieht den modrigen Boden. Bei der erwachsenen Nestwurz dringen Pilzfäden in die äußeren Rindenzellen der kurzen, vogelnestartig verflochtenen Wurzeln ein. In gewissen Zellen leben die Pilzfäden weiter; in anderen werden sie verdaut. Auf diese Weise erhält die Nestwurz die Stoffe, die sie zum Leben braucht. Der Pilz hat offensichtlich keinen Vorteil. Deshalb kann man nicht von Symbiose sprechen.

Schwarze Teufelskralle *Phyteuma nigrum*
Glockenblumengewächse *Campanulaceae*

Mai – Juli

20–70 cm

B: Blüten in walzlichen Köpfchen, vor dem Aufblühen krallenartig gekrümmt. Stengel aufrecht, einfach. Blätter wechselständig, obere mit keilförmig verschmälertem Grund sitzend; Grundblätter gestielt, etwa doppelt so lang wie breit, gekerbt.
SV: Laub- und Mischwälder, Mähwiesen, Wegraine, Bergwiesen. Braucht etwas feuchte, nährstoffhaltige, kalkarme Lehmböden. Zerstreut, in Kalkgebieten selten, im Bergland häufig, bis gegen 1400 m vordringend; der Norddeutschen Tiefebene fehlend.
A: Neben einigen selteneren Arten mit blauen Blüten in kurzen, kugeligen Köpfchen gibt es noch den auf der folgenden Seite beschriebenen Vertreter der Gattung. Die typischen Exemplare beider Arten lassen sich an der Blütenfarbe leicht auseinanderhalten. Es gibt aber eine blaugraue Rasse. Dies ist kein Bastard zwischen den beiden Sippen, sondern eine Farbvariante (ssp. *coeruleum*) der anderen Art, kenntlich an den Laubblättern.

Ährige Teufelskralle *Phyteuma spicatum*
Glockenblumengewächse *Campanulaceae*

Mai - Aug.

30–100 cm

B: Blüten in walzlichen Köpfchen, vor dem Aufblühen krallenartig gekrümmt. Stengel aufrecht, einfach. Blätter wechselständig, die obersten schmal eiförmig, sitzend. Grundblätter lang gestielt, kaum länger als breit, gekerbt. Pflanze kahl.

SV: Laub- und Mischwälder, selten in Nadelwäldern oder auf Bergwiesen. Braucht etwas feuchte, nährstoffreiche, lockere Mullböden. Zerstreut, in Nordwestdeutschland selten. Dringt in den Alpen bis etwa 2000 m vor.

A: Der Name „Teufelskralle“ bezieht sich offenbar auf die Vielzahl der krallenartig gebogenen Knospen, die man in einem Blütenstand findet. Man dachte wohl, es müsse „Teufelswerk“ sein, wenn an einer Ähre so viele Krallen stehen. Dabei ist die Ährige Teufelskralle keineswegs „Teufelszeug“. Sie ist ungiftig, ja, wurde sogar als Wurzelgemüse und Blattsalat gegessen. Das sollte man heute nicht mehr tun, um den Bestand nicht zu gefährden.

Nesselblättrige Glockenblume *Campanula trachelium*
Glockenblumengewächse *Campanulaceae*

Mai – Sept.

50–100 cm

B: Allseitswendige, beblätterte Traube. Blüten 5zipflig, glockig, um 4 cm lang. Blütenblattzipfel auffällig bewimpert. Stengel aufrecht, scharfkantig, behaart. Laubblätter länglich-herzförmig, grob doppelt gesägt, obere sitzend, untere gestielt.

SV: Laub- und Mischwälder, Hecken, Waldsäume. Braucht gut durchfeuchtete, nährstoffreiche, lockere Lehmböden, die steinig sein können, aber mullreich sein müssen. Meidet stark besonnte Standorte. Häufig, im Norden selten; kaum über 1700 m.

A: Die Blätter erinnern durchaus an die der Brennessel, sind aber ungefährlich. Alte, längstvergessene Heilpflanze bei Halsbeschwerden (gr. trachelos = Hals). Es hat auch nicht an Versuchen gefehlt, die üppig blühende Staude als Zierpflanze zu kultivieren, doch sind ihre Ansprüche an die Wasserführung des Bodens sehr einseitig: Staunässe oder Trockenheit verträgt sie nicht. Am besten gedeiht sie in schwach durchsickerter Erde.

Mai - Juni

15–25 cm

Maiglöckchen *Convallaria majalis*
Liliengewächse *Liliaceae*

B: Blüten in einseitswendiger, wenigblütiger Traube, nickend, glockenförmig, mit 6 nach außen gebogenen Zipfelchen. Frucht kugelige, rote Beere. Meist 2 kurzstielige, länglich-eiförmige Grundblätter, an denen man die bogigen Blattnerven (Gefäßbündel) deutlich sieht.
SV: Laub- und Mischwälder, seltener lichte Nadelholzbestände, alpine Matten. Bevorzugt lockere, humusreiche Böden. Kommt an seinen Wuchsorten oft in größeren Beständen vor, in denen zuweilen nur verhältnismäßig wenige Exemplare blühen. Häufig. Dringt in den Alpen bis etwa 1800 m vor.
A: Das Maiglöckchen gehört zu den meistgepflückten Wildblumen. Dabei ist es ziemlich giftig. Seine Inhaltsstoffe ähneln denen des Fingerhuts. Der Giftgehalt ist in der Blüte am größten; doch enthalten auch die Blätter und die roten Beeren Gift. Läßt man Maiglöckchen längere Zeit in einer Vase stehen, löst sich ein Teil des Giftes im Wasser.

Aufrechtes Fingerkraut *Potentilla erecta*
Rosengewächse *Rosaceae*

Juni – Okt.

15–30 cm

B: Blüten vierzählig, einzeln in den Blattachseln, lang gestielt. Stengel niederliegend bis aufrecht. Blätter handförmig geteilt, Stengelblätter 5zählig, sitzend; Grundblätter 3zählig, gestielt, zur Blütezeit meist schon verdorrt.
SV: Lichte Wälder, sandige Heiden, trockene Wiesen, Flachmoore. Auf nährstoffarmen, eher sauren Lehm- und Torfböden. Kalkscheu. In Kalkgebieten zerstreut, sonst häufig, in den Alpen bis 2200 m.
A: Alte, noch heute sehr geschätzte Heilpflanze mit vielen Namen: Blutwurz, Ruhrwurz, Tormentill. Sie enthält den Farbstoff Tormentillrot und, vor allem im Wurzelstock, Harze und Gerbsäuren. Besonders bei Darmkatarrhen wird die Wurzelstocktinktur noch verwendet, aber auch zum Gurgeln oder Pinseln bei Entzündungen im Mund-Rachen-Raum. Mit Schnaps angesetzt, liefert sie einen verdauungsfördernden „Magenbitter". Die Pflanze hieß früher *Tormentilla*; von lat. tormentum = Darmkolik.

Juni - Okt.

15-50 cm

Ruprechts-Storchschnabel *Geranium robertianum*
Storchschnabelgewächse *Geraniaceae*

B: Blüten zu zweien auf längerem Stiel, klein, 1,2–1,6 cm im Durchmesser, rosa oder rosenrot, selten fast weiß und nur dunkel geadert. Stiel von jeweils 2 Blüten viel länger als das zugehörige Tragblatt. Blätter bis zum Grunde in 3–5 Teilblättchen aufgeteilt, die wiederum bis fast zum Mittelnerv hinab geteilt sind.
SV: Wälder, Geröllhalden, Mauern, Eisenbahnschotter, Ödland. Stickstoffzeiger. Häufig. Dringt in den Alpen nur örtlich über 1500 m vor.
A: Sowohl im deutschen als auch im wissenschaftlichen Namen dieser Pflanze steckt ein Hinweis auf den Heiligen Ruprecht. Er soll die Pflanze zu Heilzwecken empfohlen haben. Der Ruprechts-Storchschnabel enthält einen Bitterstoff, Gerbstoffe und unangenehm riechendes Ätherisches Öl, dem er Volksnamen wie „Stinkender Robert“ oder „Stinkender Storchschnabel“ verdankt. Heute wird er nur noch in der homöopathischen Medizin verwendet.

Zaungiersch *Aegopodium podagraria*
Doldengewächse *Apiaceae (Umbelliferae)*

B: Zusammengesetzte Dolde mit 12–18 Strahlen. Hülle und Hüllchen fehlend. Stengel hohl, furchig, aufrecht, schwach verzweigt. Blätter doppelt oder einfach dreiteilig. Teilblättchen scharf gesägt.
SV: Wälder, Gebüsche, Parkanlagen, Gärten, Unkrautbestände. Bevorzugt grundwasserfeuchte, nährstoffreiche Lehmböden im Halbschatten. Sehr häufig, dringt in den Alpen bis gegen 1400 m vor.
A: Lästiges, wildwucherndes und schwer ausrottbares Unkraut in Gärten, da jedes Teilstück des weitkriechenden Wurzelstockes neu ausschlägt. Am ehesten durch Freistellung (Besonnung) einzudämmen. Andererseits wurden die Blätter als Wildgemüse geschätzt, und die Pflanze wurde in der Heilkunde als „Zipperleins-“ oder „Podagrakraut“ gegen Gicht (Podagra) und rheumatische Schmerzen eingesetzt. Ein weiterer Name, Geißfuß (oder Geißhuf), nimmt auf die Blattform Bezug und leitet sich ab von *Aegopodium* (gr. podion = Füßchen; aigos = der Ziege, Genitiv!).

Juni – Juli

30–100 cm

Echte Nelkenwurz *Geum urbanum*
Rosengewächse *Rosaceae*

Juni – Okt.

25–70 cm

B: Sehr lockere Rispe. Zwischen den Blütenblättern deutlicher Zwischenraum. Blütenblätter leicht abfallend. Griffel der Früchtchen hakig gekrümmt; Fruchtstand auf den ersten Blick klettenartig. Stengel aufrecht, meist verzweigt. Stengelblätter wechselständig, 3- bis 5zählig, mit großem Endzipfel.
SV: Laub- und Mischwälder, Waldränder, Gebüsche, Wegränder, Zäune, Ödland, Gärten. Bevorzugt gut durchfeuchteten, stickstoffreichen Boden. Häufig. Dringt in den Alpen nur örtlich über 1200 m vor.
A: Die Echte Nelkenwurz enthält Ätherisches Öl, einen Bitterstoff und Gerbstoffe, und zwar vor allem im Wurzelstock. Früher wurde sie arzneilich genutzt. Darauf verweist auch ihr Volksname „Benediktenkraut". „Herba benedicta" hieß im mittelalterlichen Apothekerlatein „gesegnetes Kraut". Heute nutzt man die Echte Nelkenwurz als Heilpflanze kaum noch. Wirksam wäre vor allem Eugenol, von dem sie sehr wenig im Ätherischen Öl enthält.

Wald-Ziest *Stachys sylvatica*
Lippenblütengewächse *Lamiaceae (Labiatae)*

Juni – Aug.
60–120 cm

B: Endständige Scheinähre, bei der je 6 Blüten in Scheinquirlen aus den Achseln der kleinen Tragblättchen entspringen. Stengel aufrecht, vierkantig. Blätter gestielt, kreuzgegenständig, herzförmig, am Rand gesägt. Ganze Pflanze rauhhaarig.
SV: Feuchte Wälder aller Art, Waldwege, Ufer. Braucht feuchte, nährstoffreiche, mullhaltige Lehmböden in nicht zu sonniger Lage. Gern auf Kalk. Häufig; dringt in den Alpen bis gegen 1700 m vor.
A: Die Blätter haben eine gewisse Ähnlichkeit mit denen der (verwandten) Taubnesseln. Deshalb wird die Pflanze auch „Waldnessel" oder, wegen ihres eigenartigen, oft als unangenehm empfundenen Geruchs, „Stinkende Waldnessel" genannt. Der eigenartige Name „Ziest" soll slawischen Ursprungs sein, „Reiniger" bedeuten und damit zusammenhängen, daß Arten der Gattung als Amulettkraut gegen das Verhexen getragen wurden. Die Art galt früher als Heil- und Nutzpflanze (Fasern; Färbestoff aus den Blüten).

Juni - Sept.

60–140 cm

Knotige Braunwurz *Scrophularia nodosa*
Braunwurzgewächse *Scrophulariaceae*

B: Blüten in endständiger, ziemlich lockerer Rispe, um 8 mm lang, trüb braunrot und gegen den Blütengrund oft grünlich. Stengel vierkantig, nicht geflügelt. Blätter kreuzgegenständig, ungeteilt.
SV: Wälder. Bevorzugt nährstoffreiche, humushaltige Lehmböden. Zerstreut. Dringt in den Alpen bis etwa zur Laubwaldgrenze vor.
A: Die „Knotige Braunwurz“ verdankt ihren deutschen Namen ihrem unregelmäßig verdickten Wurzelstock. Diese Verdickungen wurden im Mittelalter als Hinweis darauf genommen, die Pflanze sei als Heilmittel gegen Anschwellungen und Geschwüre zu gebrauchen. Auch der wissenschaftliche Name bezieht sich darauf. Im Lateinischen heißen Geschwüre am Hals „scrofulae“. Von den verschiedenen Inhaltsstoffen der Knotigen Braunwurz sind vor allem das Alkaloid Scrophyllarin und herzwirksame Glycoside hervorzuheben. Ihretwegen muß die Knotige Braunwurz als zumindest schwach giftig gelten.

Vielblättrige Lupine *Lupinus polyphyllus*
Schmetterlingsblütengewächse *Fabaceae (Leguminosae)*

Juni – Sept.

50–150 cm

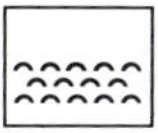

B: Aufrechte, endständige Traube, vielblütig, bis zu 60 cm lang. Blüten groß, meist blau. Stengel kräftig, aufrecht. Blätter gestielt, handförmig zerteilt mit 9–17 länglichen Teilblättchen, bis 15 cm lang und 3 cm breit.
SV: Vor allem in Wäldern, an Waldrändern und Lichtungen, auch an Straßen- und Wegböschungen. Oft ausgesät, gelegentlich in Zierformen aus Gärten verwildert. Braucht feuchte, nährstoffhaltige, eher kalkarme Lehmböden, die sandig oder steinig sein können. Zerstreut, häufig in Bergwäldern der Sandsteingebiete. Bis gegen 1200 m.
A: Die Pflanze stammt aus dem westlichen Nordamerika und ist in vielen Farbspielarten eine beliebte Gartenpflanze. Die blaue Rasse wird oft ausgesät und wächst dann selbständig weiter. Sie ist ein gutes Wildfutter, festigt rutschgefährdete Böden, reichert sie mit Stickstoff an (Wurzelbakterien) und gedeiht auch auf Rohböden (Weganrisse).

Tüpfel-Hartheu *Hypericum perforatum*
Hartheugewächse *Hypericaceae*

Juni – Okt.

30–60 cm

B: Blütenstand doldenähnliche Rispe. In der Blüte stehen die Staubblätter in drei, meist gut erkennbaren Büscheln. Stengel aufrecht, meist verzweigt, mit zwei niedrigen Längsleisten. Blätter gegenständig, schmal-oval, durchscheinend punktiert.

SV: Lichte Wälder, Waldränder, Kahlschläge, Gebüsche, Raine, Ödland, Bahnschotter. Bevorzugt magere Böden. Sehr häufig. Dringt in den Alpen örtlich bis über 1500 m vor.

A: Das Tüpfel-Hartheu heißt im Volksmund auch „Johanniskraut", weil es um den Johannistag, also um den 24. Juni, zu blühen beginnt. Sowohl in der Volksmedizin als auch im Aberglauben spielte das Johanniskraut eine Rolle. In den Blüten ist der rote Farbstoff Hypericin enthalten (Blüte oder Knospe zwischen den Fingern zerquetschen!). In ihm sah man ein Symbol für Blut. Hypericin ist ein photosensibilisierender Stoff, d.h., er macht lichtempfindlich. Für Tiere scheint er giftig zu sein.

Rauhes Hartheu *Hypericum hirsutum*
Hartheugewächse *Hypericaceae*

Juni – Aug.

30–100 cm

B: Blütenstand lockere, pyramidenförmige Rispe. In der Blüte stehen die Staubblätter in drei Büscheln. Kelchblätter mit schwarzen Drüsen bewimpert. Stengel aufrecht oder aufsteigend, rund. Gegenständige Blätter. Pflanze deutlich behaart.

SV: Lichte Wälder, Kahlschläge, Waldränder und Waldwege. Bevorzugt feuchte, nährstoffreiche, eher kalkhaltige Böden. Daher in den Kalkgebieten häufig, doch kaum über 1200 m; in Sandgebieten selten.

A: Das Rauhe Hartheu, auch Behaartes Johanniskraut genannt, ist unter seinen völlig kahlen Verwandten eine Ausnahme. Da es recht feucht steht, dient sein Haarkleid weniger dem Verdunstungsschutz, sondern eher, wie auch die schwarzen Knopfdrüsen am Kelchblattrand, gegen Tierfraß. Indes dürfte der Erfolg nur mäßig sein, wie die gestielten Florfliegeneier auf der Fotografie zeigen. Diese werden gern in der Nähe von Blattlauskolonien abgelegt, dem bevorzugten Futter der Florfliegenlarven.

Wiesen-Wachtelweizen *Melampyrum pratense*
Braunwurzgewächse *Scrophulariaceae*

Juni - Sept.
15–30 cm

B: Blüten stehen in mäßig dichter, einseitswendiger Ähre. Sie werden 1–2 cm lang. Ihre Tragblätter sind grün, die oberen gezähnt. Stengel aufsteigend bis aufrecht. Blätter kreuzgegenständig, lineal-lanzettlich, beim Darüberstreichen rauh.

SV: Lichte Laub- und Mischwälder, Heiden, Hochmoore. Bevorzugt kalkarmen, zumindest oberflächlich sauren, humusreichen Boden. Häufig. Dringt in den Alpen örtlich bis etwa 2000 m vor.

A: Der Wiesen-Wachtelweizen ist ein „Halbschmarotzer". So nennt man Pflanzen, die nur einen Teil der Stoffe, die sie zum Leben brauchen, herstellen oder dem Boden entnehmen können. Andere müssen sie von ihren Wirtspflanzen beziehen. Der Wiesen-Wachtelweizen zapft mit seinen Wurzeln diejenigen von Buchen, Eichen, Birken, Erlen, Fichte, Tanne oder Heidelbeere an. Isoliert von Wirtspflanzen kann er auch in der Kultur nicht bis zur Blühreife oder zum Fruchtansatz aufgezogen werden.

Bittersüßer Nachtschatten *Solanum dulcamara*
Nachtschattengewächse *Solanaceae*

Juni – Aug.

30–300 cm

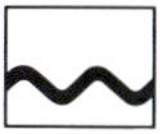

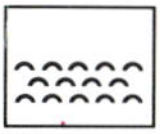

B: Blüten blauviolett, in der Form denen der Tomate ähnlich, in gestielten Doldentrauben, die aus den Blattachseln entspringen. Stengel unten holzig, niederliegend bis aufrecht, oft windend oder zwischen andere Pflanzen gehängt. Blätter kahl, eilänglich, oft eingeschnitten gelappt.
SV: Feuchte Wälder, Hecken, Ufer, nasse Schuttstellen. Braucht gut durchfeuchteten, nährstoffreichen Boden. Zerstreut; in den Alpen bis gegen 1300 m.
A: Das „Bittersüß" wurde früher als Heilpflanze verwendet, indes enthält die Pflanze in allen Teilen giftige Alkaloide. Die eikugeligen, rotglänzenden Beeren werden von Vögeln gefressen, die Samen dadurch verbreitet. Die Beeren sehen zwar sehr appetitlich aus, doch führt ihr Verzehr bei uns zu schweren Magen-Darm-Störungen. Obwohl rasche ärztliche Hilfe die schlimmsten Folgen mildern kann, sind schon Todesfälle bei Kindern bekanntgeworden. Normalerweise erfolgt nach Verzehr lebensrettendes Erbrechen.

Wald-Labkraut *Galium sylvaticum*
Rötegewächse *Rubiaceae*

Juni - Sept.

30–130 cm

B: Blütenstand lockere, ausladende Rispe. Blüten klein, unscheinbar. Stengel aufrecht oder aufgebogen, meist verzweigt, rundlich. Blätter länglich-lanzettlich, bläulichgrün, zu 6–8 quirlständig. Pflanze oft rötlich überlaufen, vor allem am Stengel und an den Blattrippen.

SV: Laub- und Mischwälder. Bevorzugt kalkhaltigen Lehmboden mit Mullauflage. Häufig. Dringt in den Alpen fast bis zur Laubwaldgrenze vor.

A: Das Wald-Labkraut ist eine kennzeichnende Art der Eichen-Hainbuchen-Wälder. Bemerkenswerterweise entwickeln sich Stengel und Blätter bei dieser Art schon im März, spätestens im April. Sie sterben Ende Oktober ab. Die Blütezeit beginnt indessen erst Ende Juni, Anfang Juli. Damit gehört das Wald-Labkraut zu den am spätesten aufblühenden Laubwaldpflanzen. Bestäuber sind vornehmlich Fliegen und kleine Käfer. Das Wald-Labkraut gedeiht am besten im Halbschatten.

Hain-Greiskraut *Senecio fuchsii*
Korbblütengewächse *Asteraceae (Compositae)*

Juni – Aug.

50–150 cm

B: Blüten in trugdoldenartig angeordneten Körbchen. Außen einige (5–7) Zungenblüten, innen Röhrenblüten. Fruchtknoten und Frucht mit Haarkranz. Stengel aufrecht. Blätter wechselständig, eilanzettlich, am Rand gesägt, ganz kurz gestielt.
SV: Wälder, Kahlschläge, Bachgehölze, alpine Stauden- und Strauchgesellschaften. Braucht feuchte, nährstoff- und humusreiche Lehmböden. Zerstreut, im Tiefland selten, sonst bis gegen 2000 m.
A: Im Bergland ist diese Art sehr häufig. Auf Kahlschlägen und in Lichtungen trägt sie zur Bodenverbesserung bei und zeigt dem Forstmann die günstige Stickstoffgare für eine Wiederaufforstung an. Eine besondere Rasse, *Senecio nemorensis*, gedeiht vor allem in Mittelgebirgslagen. Sie ist besonders am grünen, behaarten Stengel und den bewimperten, im oberen Teil sitzenden Stengelblättern kenntlich. Die Hauptart hat meist rötlich gefärbte, kahle Stengel mit kurzgestielten Blättern.

Juni - Juli

50–150 cm

Tollkirsche *Atropa bella-donna*
Nachtschattengewächse *Solanaceae*

B: Blüten einzeln in den Achseln der oberen Blätter, grünlich-rot, an den Zipfeln tief braunrot, braunviolett oder purpurviolett. Beeren schwarz, von 5 Kelchblättern umkränzt. Stengel aufrecht. Blätter eiförmig.
SV: Lichte Waldstellen und Kahlschläge. Bevorzugt nährstoffreichen, etwas feuchten Boden. Häufig. Dringt in den Alpen bis etwa 1500 m vor.
A: „Bella donna" heißt lateinisch „schöne Frau". Die Beeren enthalten vorwiegend das Gift Atropin. Es bewirkt u. a. eine Erweiterung der Pupillen. Große Pupillen galten früher als schön. Deswegen aß man die Beeren. Das war nicht ungefährlich. Schon der Verzehr von 4 Beeren soll zu tödlichen Vergiftungen geführt haben. In den Blättern und im Wurzelstock kommt auch noch das Gift Hyoscyamin vor. Es bewirkt Verwirrungszustände („Tollkirsche"). Schon kleine Stückchen von Blatt oder Wurzelstock enthalten eine tödliche Giftmenge.

Wald-Brustwurz *Angelica sylvestris*
Doldengewächse *Apiaceae (Umbelliferae)*

Juli – Sept.

50–200 cm

B: Blüten in zusammengesetzten Dolden mit 20–40 Strahlen. Hülle fehlend oder nur 1- bis 3blättrig. Hüllchenblätter zahlreich. Stengel aufrecht, rund, hohl, weißlich bereift. Blätter 2- bis 3fach fiederteilig, Blattscheiden bauchig aufgetrieben.
SV: Auwälder, feuchte Waldstellen und Waldwege, Gebüsche, Waldränder und Wiesen, Ufer, Gärten, Wege. Liebt grundwasserfeuchte, nährstoffreiche, tiefgründige Lehmböden mit und ohne Kalk. Häufig, vom Tiefland bis gegen 1700 m (Bergrassen).
A: Die Pflanze, auch Wald-Engelwurz genannt (lat. angelus = Engel), war früher ein berühmtes Heilkraut, das der Sage nach den Menschen durch einen Engel gezeigt wurde. Sie enthält Furocumarine und Ätherische Öle, die jedoch in höherer Konzentration giftig wirken. Als Badezusatz gebraucht, ist sie unschädlich. Sie gehört zu den Doldengewächsen, die sowohl weiße, als auch nach Grünlich oder nach Rot ausschlagende Blüten bilden können.

Echtes Springkraut *Impatiens noli-tangere*
Balsaminengewächse *Balsaminaceae*

Juli – Aug.

30–60 cm

B: Blüten zu 2–4 in hängenden, blattachselständigen Trauben, 3–4 cm lang, mit gekrümmtem Sporn, innen rot punktiert. Frucht fünfklappige, längliche Kapsel. Stengel aufrecht, glasig. Blätter wechselständig, eiförmig, grob gesägt.

SV: Laub- und Mischwälder auf nassen, nährstoffreichen Lehmböden. Braucht Schatten. Häufig und oft in größeren Beständen. Dringt in den Alpen bis etwa zur Laubwaldgrenze vor.

A: Die äußeren Zellen der Kapsel sind prall gespannt. Dies erzeugt ein Ausdehnungsbestreben in Richtung der Kapsellängsachse. Doch die inneren Zellen der Kapselwand verhindern diese Ausdehnung. Sie versteifen die Frucht. Im Zuge der Fruchtreife lockern sich indessen die inneren Zellen. Jetzt genügt ein kleiner Anstoß, um die Explosion der Frucht auszulösen. Dabei rollen sich die 5 Klappen der Fruchtwand schlagartig nach innen ein und schleudern die Samen meterweit fort.

Wasserdost *Eupatorium cannabinum*
Korbblütengewächse *Asteraceae (Compositae)*

Juli – Sept.

70–150 cm

B: Blüten zu wenigen in Körbchen, diese zu einem trugdoldenartigen Blütenstand vereinigt. Nur Röhrenblüten; dunkel- bis sehr hellrot. Stengel aufrecht, Blätter oft gegenständig, meist dreiteilig, die Teilblättchen lanzettlich, grob gesägt. Fruchtknoten und Früchtchen mit Haarkrone.
SV: Lichte Laub- und Mischwälder, Auwälder, Kahlschläge, Waldränder, Ufer. Braucht nährstoffreiche, kalkhaltige und vor allem feuchte Böden. Häufig, in Sandgebieten seltener; bis über 1000 m.
A: Alte Heilpflanze, jedoch giftverdächtig. Der Gattungsname soll an den heilkundigen König Mithridates Eupator (132–63 v. Chr.) erinnern, der mancherorts gebräuchliche Volksname Kunigundenkraut an die Hl. Kunigunde. „Wasserdost“ nimmt Bezug auf den ähnlichen Blütenstand des Wilden Dostes, der andere Volksname „Wasserhanf“ auf die hanfähnlichen Blätter, wobei jeweils der feuchte Standort für den ersten Namensteil Pate stand.

Mauerlattich *Mycelis muralis*
Korbblütengewächse *Cichoriaceae (Compositae)*

Juli – Sept.

30–100 cm

B: Blütenkörbchen rispig angeordnet, kaum 1 cm im Durchmesser. Nur 5 Zungenblüten pro Körbchen, blaßgelb. Frucht und Fruchtknoten mit Haarkranz. Stengel aufrecht, oberwärts verästelt. Blätter fiederlappig. Pflanze kahl und mit viel Milchsaft.
SV: Wälder, Gebüsche, schattige Felsen und Mauern. Braucht lockere und daher oft steinige, nährstoffreiche Lehmböden mit Mullauflage. Häufig. Dringt in den Alpen nur örtlich bis zur Laubwaldgrenze vor.
A: Der Mauerlattich bildet in seinen Körbchen nur 5 Zungenblüten aus. Damit ähnelt er einer Blüte mit 5 Blütenblättern. Dies ist bemerkenswert, weil die Vorfahren der heutigen Korbblütler vermutlich Blüten mit 5 verwachsenen Blütenblättern besaßen. Das Zusammenfassen vieler Blüten in einem Körbchen muß ihnen indes Vorteile bei der Bestäubung gebracht haben, auf die der Mauerlattich gewissermaßen wieder „verzichtet".

Echte Goldrute *Solidago virgaurea*
Korbblütengewächse *Asteraceae (Compositae)*

Juli – Sept.

20–100 cm

B: Zahlreiche kleine Blütenkörbchen bilden eine langgestreckte Traube oder Rispe. Körbchen am Rand mit 5–12 langen Zungenblüten, innen mit Röhrenblüten. Stengel aufrecht, mit rutenförmig verlängerten Ästen. Untere Laubblätter elliptisch, mittlere eiförmig-lanzettlich, alle gesägt.
SV: Wälder aller Art, eine niedrigwüchsige Bergrasse auch oberhalb der Waldgrenze in Heiden und Trockenrasen. Braucht trockene, warme, kalkhaltige Böden, die nährstoffarm sein können. Häufig, die Bergrasse auf eher sauren, steinigen Magerrasen, bis gegen 2200 m vordringend.
A: Die Pflanze wurde früher gegen Nierenleiden und Gicht viel angewandt, war dann lange Zeit vergessen und wird erst neuerdings in der Naturheilkunde als harntreibendes Mittel wieder empfohlen. Die Blätter enthalten Saponine, Gerb- und Bitterstoffe sowie geringe Mengen an Ätherischen Ölen. Wirksam sind vor allem die Saponine.

Rote Pestwurz *Petasites hybridus*
Korbblütengewächse *Asteraceae (Compositae)*

März - April
30–60 cm

B: Körbchen traubig angeordnet. Einzelblüten unscheinbar, trüb hellrot. Pflanze zur Blütezeit ohne Blätter. Am Blütenstandsstiel nur Blattschuppen. Die sehr großen Blätter erscheinen nach der Blütezeit. Sie sind grundständig, langstielig, rundlich und erreichen Durchmesser bis 60 cm!
SV: Ufer, Flußauen, Waldränder. Bevorzugt kalkhaltigen Boden. Feuchtigkeitszeiger. Häufig. Dringt in den Alpen bis etwa 1500 m vor.
A: An Ufern bildet die Rote Pestwurz oft ausgedehnte Bestände oberhalb der mittleren Hochwasserlinie. Mit ihren Kriechwurzeln durchzieht sie das Erdreich und vermag es selbst da zu stabilisieren, wo es grob kiesig ist. Damit gehört die Pestwurz zu den Pflanzen, denen im natürlichen Uferschutz Bedeutung zukommt. Man sollte Bestände von ihr an flußnahen Wuchsorten erhalten. In Gräben, die nur kurzzeitig viel Wasser führen, kann sie allerdings den zügigen Abfluß von Regenwasser behindern.

Wechselblättriges Milzkraut
Chrysosplenium alternifolium
Steinbrechgewächse *Saxifragaceae*

März – Juni

8–15 cm

B: Kleine vierstrahlige Blüten in einer Trugdolde, die von breiten Hochblättern umgeben ist. Stengel aufsteigend bis aufrecht, kantig, leicht abbrechend. Meist nur 2 wechselständige Stengelblätter, langgestielt, rundlich-nierenförmig, gekerbt.
SV: Feuchte Laubwälder, Schluchtwälder, klare Bäche, Quellaustritte, nasse Bergwiesen, Sumpfmulden. Braucht nährstoffreiche, nasse Böden mit hohem Humus- oder Mullanteil. Zerstreut, bis gegen 2000 m.
A: An kalten, klaren Waldbächen des Berglandes und der mittleren Gebirgslagen wächst das ähnliche Gegenblättrige Milzkraut, *C. oppositifolium*. Bei ihm stehen die Stengelblätter einander paarweise gegenüber. Es bevorzugt eher kalk- und nährstoffarmen Untergrund und benötigt zum Gedeihen eine beständig hohe Luftfeuchtigkeit (die auch Fröste mindert). Beide Arten sind alte Heilpflanzen (Name!), deren Wirksamkeit umstritten ist.

Sumpf-Dotterblume *Caltha palustris*
Hahnenfußgewächse *Ranunculaceae*

März - Juni
15–50 cm

B: Blüten einzeln, langgestielt, fettglänzend, bis 4 cm im Durchmesser. Stengel hohl, liegend oder aufgebogen. Blätter nierenförmig, glänzend, fein gekerbt; obere Blätter sitzend, untere gestielt.

SV: Nasse Wiesen und Wälder, Ufer, Gräben. Bevorzugt nährstoffreiche, nasse Böden. Häufig. Dringt in den Alpen bis etwa 2000 m vor.

A: Die Sumpf-Dotterblume ist eine der auffälligsten Pflanzen, die im zeitigen Frühjahr blühen. Bemerkenswert ist bei ihr u. a. die Samenverbreitung. Die Samen reifen in Balgfrüchten. Öffnen sich diese, so fallen die Samen heraus. Oft gelangen sie so ins Wasser. Von ihm werden sie verschwemmt. Die Samen besitzen nämlich zahlreiche luftgefüllte Zwischenzellräume und sind dadurch schwimmfähig. Wo sie stranden, ist meist für sie ein genügend feuchter Wuchsort. Nicht zu rasch durchflossene Wiesengräben sind daher oft regelrecht von Sumpf-Dotterblumen umsäumt.

Bitteres Schaumkraut *Cardamine amara*
Kreuzblütengewächse *Brassicaceae (Cruciferae)*

April – Mai
10–30 cm

B: Blüten in Trauben. Staubbeutel purpurviolett. Stengel fünfkantig, aufsteigend bis aufrecht, markerfüllt. Grundblätter unpaarig gefiedert; Teilblättchen eiförmig-rundlich bis länglich. Stengelblätter einfach oder doppelt fiederschnittig.
SV: Gräben, Quellen, Bruch- und Auwälder, Sumpfstellen. Braucht nährstoffreiche, wasserdurchzogene Böden. Zerstreut, im Tiefland selten, im Bergland und den Mittelgebirgslagen stellenweise häufig. Dringt in den Alpen bis gegen 1900 m vor.
A: Das Bittere Schaumkraut wird leicht mit der berühmteren Brunnenkresse *(Nasturtium)* verwechselt, die sich durch gelbe Staubbeutel und einen hohlen Stengel auszeichnet. Es kann aber ebenfalls als Salat verwendet werden, wenngleich es nicht die pikante Schärfe der Brunnenkresse erreicht und eher bitter schmeckt. Die alte Heilpflanze enthält Senföl, Bitterstoff und viel Vitamin C. Sie ist sehr formenreich und variiert stark.

Kleine Wasserlinse *Lemna minor*
Wasserlinsengewächse *Lemnaceae*

April – Mai

B: Pflanze besteht aus blattartigen Gliedern, die auf der Wasseroberfläche schwimmen. Die Blattglieder der Kleinen Wasserlinse sind bewurzelt und hängen zu 2–6 zusammen. Sie werden 2–4 mm lang und damit 1,5- bis 2mal so lang wie breit. Sie sind flach.
SV: Stehende und sehr langsam fließende Gewässer. Häufig und in meist individuenreichen Beständen. Dringt in den Alpen nur örtlich über 1000 m vor.
A: Von mehreren, ähnlichen Wasserlinsengewächsen, die in Mitteleuropa vorkommen, ist die Kleine Wasserlinse eindeutig die häufigste. Wasserlinsen überziehen oftmals windgeschützte und damit ruhige Altwässer, Gräben, Teiche, Tümpel und Seebuchten. Man kann als Faustregel sagen: Je nährstoffreicher das Wasser ist, desto üppiger wuchern diese Schwimmpflanzenteppiche. In kalten Gewässern gedeihen Wasserlinsen weniger gut. Unter zusagenden Bedingungen vermehrt sich die Kleine Wasserlinse stark durch „Tochterglieder“.

Rauhhaariges Weidenröschen *Epilobium hirsutum*
Nachtkerzengewächse *Onagraceae (Oenotheraceae)*

Mai – Aug.

50–150 cm

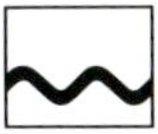

B: Blüten in lockerer Traube, einzeln in den Blattachseln. Blütenblätter um 2 cm lang. Narbe des Stempels ausgebreitet 4zipfelig. Stengel aufrecht, ästig, zumindest unten zottig behaart. Blätter länglich-lanzettlich, untere kreuzgegenständig.
SV: Gräben, Ufer, Röhrichte, nasse Wegränder, feuchte Schuttstellen. Meist in dichtstehenden Gruppen. Braucht nasse, nährstoffreiche, zumindest schwach kalkhaltige Böden. Im Norden seltener, in den Kalkgebieten häufig, in den Alpen bis etwa 1300 m.
A: Die langen „Stiele" der Blüten sind, bis auf einen kurzen echten Stengel, die vierkantigen Fruchtknoten, die bei dieser Gattung unterständig ausgebildet sind. Sie reifen zu Kapseln heran, die langbehaarte Flugsamen enthalten. Der Gattungsname nimmt Bezug auf diesen Blütenbau. Conrad Gesner, der Baseler Naturforscher (1516–1565) hat ihn gebildet aus gr. „ion epi lobon" = Veilchen (Blümchen) über der Schote (Kapsel).

Bachbungen-Ehrenpreis *Veronica beccabunga*
Braunwurzgewächse *Scrophulariaceae*

Mai - Aug.
20-60 cm

B: Lockere, blattachselständige Traube. Blüten nur 4–9 mm im Durchmesser, himmelblau oder dunkelviolett. Stengel kriechend oder aufgebogen. Blätter gegenständig, kahl, glänzend, gestielt, oval bis rundlich, gekerbt.

SV: Gräben, Röhricht stehender oder langsam fließender Gewässer. Zerstreut. Dringt in den Alpen nur örtlich über 2000 m vor.

A: Der Bachbungen-Ehrenpreis kommt oft in individuenreichen Beständen vor. Das hängt mit seiner Vermehrung zusammen. Reife Samen keimen alsbald aus, und zwar auch, wenn sie nicht von Schlamm überdeckt sind, sondern auf dem Erdreich liegen. Licht fördert sogar die Keimung. Neben der Vermehrung durch Samen ist auch die vegetative Vermehrung von Bedeutung. Bei Eintritt des Winters zerfallen die oberirdischen Teile der Pflanze bis auf die Seiten- und die Endknospen. Diese „Brutknospen“ entwickeln sich im Frühjahr zu Pflänzchen.

Gemeiner Gilbweiderich *Lysimachia vulgaris*
Primelgewächse *Primulaceae*

Juni – Aug.

60–130 cm

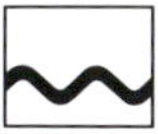

B: Blüten in endständiger, unten beblätterter Rispe, 1–2 cm breit. Stengel aufrecht, etwas kantig. Blätter eiförmig-länglich, gegenständig oder zu 3–4 in Quirlen, groß.
SV: Gräben, Ufer, Flachmoore, nasse Gebüsche und Auwälder. Braucht nasse, humusreiche oder torfige Böden. Zerstreut, im Norden häufig. Dringt in den Alpen bis gegen 1900 m vor.
A: Mit seinen tiefreichenden Wurzeln und den zahlreichen Ausläufern gilt dieser Gilbweiderich oder „Felberich" als guter Bodenfestiger. Täuschend ähnlich ist der in Gärten oft als Zierpflanze gehaltene (und gelegentlich verwildernde) Tüpfelstern (Punkt-Gilbweiderich, *L. punctata*) mit etwas größeren Blüten. Die Zipfel seiner Blütenblätter sind, wie seine reingrünen Kelchzipfel, ringsum drüsig bewimpert. Beim Gemeinen Gilbweiderich sind die ebenfalls bewimperten Kelchzipfel rot gesäumt, die Blütenblätter unbewimpert.

Echtes Mädesüß *Filipendula ulmaria*
Rosengewächse *Rosaceae*

Juni - Aug.
1–2 m

B: Dichte, knäuelartig zusammengezogene, reichblütige Rispe. Einzelblüten bis zu 1 cm im Durchmesser, unscheinbar, stark duftend. Stengel aufrecht, kantig, kahl. Blätter einfach unpaarig gefiedert; Endblättchen wenig vergrößert.
SV: Gräben, Ufer, Sumpfwiesen, feuchte Wälder. Häufig. Dringt in den Alpen bis etwa 1500 m vor.
A: Der Name „Mädesüß" kommt von dem althochdeutschen Wort „met". Blüten und Blätter des Echten Mädesüß wurden wahrscheinlich als Zusatz zu diesem bierähnlichen Getränk verwendet. Das Echte Mädesüß enthält in allen Organen, vor allem jedoch in den Blüten, Ätherisches Öl mit Salicylsäureabkömmlingen, dazu Glycoside und Gerbstoff. Die Konzentration der Salicylsäureverbindungen ist in der Pflanze relativ niedrig. Hohe Dosen von diesen Verbindungen, die im Mädesüß nicht erreicht werden, wären giftig. Das Echte Mädesüß wird als Heilpflanze noch heute genutzt.

Kleinblütiges Weidenröschen
Epilobium parviflorum
Nachtkerzengewächse *Onagraceae (Oenotheraceae)*

Juni – Sept.

15–80 cm

B: Blüten in lockerer Traube, einzeln in den Blattachseln. Blütenblätter höchstens 1 cm lang. Narbe des Stempels ausgebreitet 4zipfelig. Stengel aufrecht oder aufsteigend, zumindest unten stark behaart. Blätter länglich-lanzettlich, untere und mittlere gegenständig.
SV: Gräben, Bäche, Röhrichte, Riedgrasbestände, auch in Wäldern und auf Kahlschlägen. Braucht nährstoffreiche, grundwasserdurchzogene, zumindest feuchte Lehmböden. Häufig, doch kaum über 1000 m.
A: Da diese Art oft an denselben Standorten wie das prächtigere, aber eng verwandte Rauhhaarige Weidenröschen (S. 205) vorkommt, hielt man beide im Mittelalter für die Angehörigen einer Art, wobei, ganz im Sinn der damaligen Zeit, das Schönere als das Männchen, das Kleinblütige Weidenröschen aber als das Weiblein galt. Dem Standort nach wird das letztere auch Bach-Weidenröschen genannt. Beide Arten finden in der Volksheilkunde Verwendung.

Juni – Okt.

1–3 m

Ufer-Zaunwinde *Calystegia sepium*
Windengewächse *Convolvulaceae*

B: Blüten einzeln auf kurzen Stielen in den Blattachseln, bis 6 cm lang, trichterig. Stengel windend. Blätter pfeilförmig, gestielt, wechselständig, meist deutlich länger als 3 cm.
SV: Feuchte Gebüsche, Waldränder, Ufer, Röhricht, Schuttplätze, Zäune, Gärten. Bevorzugt nährstoffreiche, feuchte Ton- und Lehmböden. Dringt in den Alpen nur örtlich bis etwa 800 m vor, und zwar nur in Tälern mit mildem Klima.
A: Erst die Besiedlung Mitteleuropas durch den Menschen, der hier im Laufe von Jahrtausenden eine Kulturlandschaft geschaffen hat, eröffnete der Ufer-Zaunwinde die meisten ihrer heutigen Standorte. Ursprünglich kam sie wohl nur im bachbegleitenden Röhricht solcher Bäche vor, die weite, lichte Erlen- oder Eschenwälder durchflossen. Erst das Anlegen von Wiesen ermöglichte an den meisten Wasserläufen die Bildung von Röhricht aus lichtbedürftigen, hochwüchsigen Kräutern.

Schwimmendes Laichkraut *Potamogeton natans*
Laichkrautgewächse *Potamogetonaceae*

Juni – Aug.

50–150 cm

B: Hauptstengel untergetaucht. Unscheinbare Blüten in endständigen, kolbenartigen Ähren, die über den Wasserspiegel hinausragen. Blätter eiförmig, langgestielt, flach auf dem Wasser schwimmend. Dazu noch untergetauchte, fast grasartig schmale Blätter mit wenig Blattgrün, früh abfaulend.
SV: Im Schwimmblattpflanzengürtel stehender oder langsam fließender Gewässer. Zeiger für leichte Nährstoffarmut, erträgt aber noch relativ hohe Nitratwerte. Kann bis zu 6 m Wassertiefe vordringen. Häufig; bis gegen 1100 m ansteigend.
A: Häufigster Vertreter der Gattung, die zahlreiche, schwer unterscheidbare Arten aufweist. Vielgestaltig. Tritt selten auch mit einer sehr veränderten Form in Fließgewässern auf. Im nichtblühenden Zustand leicht mit Wasser-Knöterich *(Polygonum amphibium)* zu verwechseln. Dessen Blätter sind fiedernervig; die Blattadern des Laichkrautes verlaufen dagegen bogig und parallel zum Blattrand.

Acker-Minze *Mentha arvensis*
Lippenblütengewächse *Lamiaceae (Labiatae)*

Juni - Okt.
15–50 cm

B: Blüten in Quirlen in den Achseln der oberen Blattpaare. Stengel vierkantig, aufrecht oder aufgebogen. Blätter gegenständig, länglich-oval, seltener breit-oval, gezähnt, behaart.
SV: Ufer, Gräben, nasse Stellen auf Äckern, in Wiesen und Wäldern. Bevorzugt stickstoffreichen Boden. Zerstreut. Dringt in den Alpen örtlich bis etwa 2000 m vor.
A: Alle Minzen-Arten enthalten Ätherisches Öl, aber nicht alle führen Menthol wie z. B. die Echte Pfeffer-Minze, dem diese ihre Nutzung als Heilpflanze verdankt. Auch im Ätherischen Öl der Acker-Minze gibt es kein Menthol. Statt dessen kommt – wenn auch in sehr geringen Mengen – in ihm das giftige Pulegon vor. Wenngleich Vergiftungen mit Acker-Minze nicht beschrieben worden sind, so ist doch vom Gebrauch der Acker-Minze als „Pfefferminzersatz“ abzuraten, zumal die seltene, aber ähnliche Polei-Minze reichlich Pulegon enthält.

Indisches Springkraut *Impatiens glandulifera*
Springkrautgewächse *Balsaminaceae*

Juni – Okt.

50–200 cm

B: Gesamtblütenstand eine ausladende Rispe; je 5–20 Blüten stehen in aufrechten, blattachselständigen Trauben. Stengel aufrecht, meist einfach, von glasigem Aussehen. Blätter 10–25 cm lang, ei-lanzettlich, scharf gesägt, am Stiel mit rötlichen Drüsen, gegenständig oder 3quirlig.
SV: Ufer, Auwälder, nasse Gebüschstellen und Schuttplätze. Braucht nasse, nährstoffreiche, nicht zu besonnte Lehmböden. Zerstreut, im Norden noch selten; in steter Ausbreitung begriffen; wild kaum über 700 m vordringend, in Gärten höher.
A: Die einjährige Zierpflanze aus Ostindien wächst jedes Jahr neu aus den Samen heran, die von den explosionsartig aufspringenden Kapseln ausgeschleudert werden. Frost mindert deren Keimfähigkeit, deshalb kann sich das Kraut nur in milden Tallagen wild halten. Dort braucht es Stellen mit stets hoher Luftfeuchtigkeit, da sein Verdunstungsschutz nur ungenügend ausgebaut ist.

Geflügelte Braunwurz *Scrophularia umbrosa*
Braunwurzgewächse *Scrophulariaceae*

Juni – Aug.

20–120 cm

B: Blüten in endständiger, ziemlich dichter, pyramiden- oder eiförmiger Rispe, unscheinbar, um 7 mm lang, trüb braunrot und gegen den Blütengrund grünlich. Stengel aufrecht oder aufgebogen, breit geflügelt (Flügel messen um $^1/_3$ der Stengelbreite). Blätter am Grund gestutzt, ohne kleine Fiederblättchen am Stiel.
SV: Röhricht, Gräben, Ufer. Zerstreut. Dringt in warmen Alpentälern bis etwa 800 m vor.
A: Bienen, Hummeln, Schmetterlinge und sogar Fliegen kennt man üblicherweise als „die" Insekten, die Blüten bestäuben. Daß dies auch Wespen tun, ist wenig bekannt. Zugegebenermaßen sind es nur relativ wenige Arten, die von Wespen beflogen werden. Manche Braunwurz-Arten, darunter auch die Geflügelte Braunwurz, gehören dazu. Kennzeichnend für Blüten, die von Wespen bestäubt werden, ist die trübrotbräunliche, ins Grünliche verlaufende Färbung, wie sie die Blüten der Geflügelten Braunwurz auszeichnet (Wespenblumenfärbung).

Kohldistel *Cirsium oleraceum*
Korbblütengewächse *Asteraceae (Compositae)*

B: Blüten in Körbchen, die, zu mehreren endständig gehäuft, von bleichgrünen Hochblättern umgeben sind. Nur Röhrenblüten. Stengel aufrecht. Blätter kahl, weichdornig gezähnt, hellgrün; untere fiederspaltig, obere oft ungeteilt, stengelumfassend. Fruchtknoten und Frucht mit Haarkranz.
SV: Ufer, Gräben, Feuchtwiesen, Flachmoore, Auwälder. Auf nassen, nährstoffreichen, kalkhaltigen Lehmböden. Sehr häufig, im Nordwesten etwas seltener; dringt in den Alpen bis gegen 2000 m vor.
A: Die Haare der Früchtchen sind fiederig verzweigt. Dies ist ein Zeichen dafür, daß es sich um keine echte Distel, sondern eine Vertreterin der Gattung Kratzdistel handelt. Als Gemüse wurde sie dagegen nur gelegentlich, vor allem in Osteuropa, genutzt. Sie gilt als schlechte Futterpflanze. Dagegen ist sie eine gute Bienenweide, die auch von Hummeln und Faltern fleißig aufgesucht wird. Bastardiert häufig mit anderen Kratzdisteln.

Juli – Sept.

50–150 cm

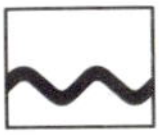

Sumpf-Kratzdistel *Cirsium palustre*
Korbblütengewächse *Asteraceae (Compositae)*

Juli – Sept.

90–200 cm

B: Stengel in mehrere Äste verzweigt, an deren Ende stets mehrere Körbchen stehen oder sitzen. Die Körbchen erreichen etwa 1 cm im Durchmesser und 1,5 cm in der Länge. Stengel aufrecht. Blätter laufen in einer stacheligen Leiste am Stengel herab. Blätter langstachelig.
SV: Flachmoore, Sumpfwiesen, Ufer, feuchte Stellen in lichten Wäldern. Feuchtigkeitszeiger. Häufig. Dringt in den Alpen bis etwa 1500 m vor.
A: Die Sumpf-Kratzdistel war in Mitteleuropa ursprünglich wohl nur an lichten Stellen nasser Wälder anzutreffen oder am Ufer von Fließgewässern, die solche Wälder durchflossen. Manche möglichen Standorte standen ihr also nur unregelmäßig und oft nur weit weg von ihrem bisherigen Wuchsort zur Verfügung. Dank ihrer Flugfrüchte konnte sie neu entstandene Standorte indes meist gut erreichen. Noch heute tritt die Sumpf-Kratzdistel auf frischen Kahlschlägen oft in Massen auf.

Gemeiner Teufelsabbiß *Succisa pratensis*
Kardengewächse *Dipsacaceae*

B: Blüten in halbkugeligen bis kugeligen Köpfchen an den Stengel- und Astenden. Randblüten nicht vergrößert. Zwischen den Blüten schwarze Borsten. Stengel aufrecht, oben verzweigt. Blätter gegenständig, eiförmig-lanzettlich, meist ganzrandig.
SV: Feuchte Wiesen, Flachmoore, Waldränder. Zeigt Nährstoffarmut und jahreszeitlich wechselnde Feuchtigkeit im Boden an. Bevorzugt schwach saure, humusreiche Lehm- oder Torfböden. Zerstreut, dringt bis in Mittelgebirgslagen von 1400 m vor.
A: Der Teufelsabbiß ist in seinem Bestand zwar noch nicht gefährdet, doch nehmen die ihm zusagenden Standorte durch Trockenlegung und Düngung immer mehr ab. Der dicke, kurze Wurzelstock wächst vorn langsam weiter, während er hinten abstirbt und verwest: Das Hinterende sieht abgebissen aus (lat. succidere = unten abschneiden). Nach der Sage hat dies der Teufel getan, aus Wut über die (heute nicht bewiesene) Heilwirkung der Pflanze.

Juli – Sept.

30–100 cm

Blut-Weiderich *Lythrum salicaria*
Weiderichgewächse *Lythraceae*

Juli - Sept.

60–160 cm

B: Blüten stehen quirlig in einem meist verzweigten, ährigen Blütenstand. Sie erreichen 1–1,5 cm im Durchmesser. Stengel aufrecht, vierkantig, kurz abstehend behaart. Blätter gekreuzt gegenständig, gelegentlich auch zu dreien in einem Wirtel.
SV: Ufer, Röhricht, Moore, Sumpfwiesen, nasse Stellen in lichten Wäldern. Häufig. Dringt in den Alpen nur örtlich bis etwa 1500 m vor.
A: Der Blut-Weiderich hat seinen Namen einerseits aufgrund seiner roten Blüten erhalten; andererseits sah man in ihnen einen Hinweis darauf, die Pflanze sei als blutstillendes Mittel zu gebrauchen. Als solche wurde sie früher auch verwendet. Der Erfolg kann indes nicht groß gewesen sein; denn der Blut-Weiderich enthält nur wenig Gerbstoffe, die eine solche Wirkung haben können. Auch als Mittel gegen Durchfall wird er nur noch wenig verwendet, obschon seinem Inhaltsstoff Salicarin hier eine gewisse Wirkung zuzuschreiben ist.

Topinambur *Helianthus tuberosus*
Korbblütengewächse *Asteraceae (Compositae)*

Aug. - Okt.

1-2,5 m

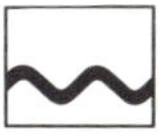

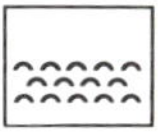

B: Blüten in endständigen, 3–8 cm breiten Körbchen: ein halbkugeliges Polster aus Röhrenblüten wird von langen Zungenblüten umgeben. Stengel aufrecht, wenig verzweigt. Untere Blätter länglich-herzförmig, gegenständig, obere schmal-eiförmig, wechselständig; alle gestielt und gesägt.
SV: Ufer, nasse Schuttstellen. Braucht nährstoffreiche, lockere Lehmböden, die auch sandig oder kiesig sein dürfen. In den Tälern zerstreut, schon ab 500 m selten. Oft feldmäßig angebaut.
A: Die zu den Sonnenblumen gehörige Art aus Nordamerika wird mancherorts als Futterpflanze, selten auch – ihrer kartoffelähnlichen Knollen wegen – als Gemüsepflanze kultiviert. Sie ist sehr formenreich und kann leicht mit anderen Sonnenblumenarten verwechselt werden, die als Zierpflanzen bei uns verwildern. Die Topinamburknollen der verwilderten Sorten sind, jedenfalls in der Regel, kaum genießbar für den Menschen.

Register